StudyHelp

StudyHelp

Deskriptive Statistik für Studierende
inklusive Lernvideos, Aufgaben und Lösungen

StudyHelp GmbH, Paderborn
WWW.STUDYHELP.DE

1. Auflage

Autoren: Swantje Paulsen und Sonja Tiemeier

Redaktion & Satz: Carlo Oberkönig
Kontakt: verlag@studyhelp.de
Umschlaggestaltung, Illustration: StudyHelp GmbH

ISBN 978-3-**947506**-17-0

Inhalt

1 Grundlagen

In diesem Kapitel besprechen wir die wichtigsten Begriffe und Unterscheidungen von Merkmalen und ihren Skalen.

1.1 Wichtige Begriffe

Grundbegriffe

Beginnen wir mit den grundlegenden Begriffen der beschreibenden Statistik.

- **Merkmalsträger** sind statistische Einheiten, an welchen Größen bzw. Merkmale beobachtet werden.
- Bei der **Grundgesamtheit** handelt es sich um die Menge aller für die Fragestellung relevanten Merkmalsträger.
- Die **Stichprobe** stellt die untersuchte Teilmenge der Grundgesamtheit dar.
- **Merkmale** sind Größen oder Variablen. Ein Merkmal nimmt für gewöhnlich verschiedene Merkmalsausprägungen an.
- Bei **Merkmalsausprägungen** handelt es sich um die Werte, welche ein Merkmal annehmen kann.
- Bei dem **Wertebereich** handelt es sich um die Menge der Merkmalsausprägungen.
- Eine **Beobachtung** ist eine Ausprägung, welche direkt an einer statistischen Einheit ermittelt wurde.

Merkmal, Merkmalsträger, Merkmalsausprägung

Beispiel

Wir machen uns das anhand eines einfachen Beispiels deutlich:

- **Grundgesamtheit:** Studierende eines Studienganges
- **Merkmalsträger:** Student
- **Merkmal:** Geschlecht

- **Merkmalsausprägungen:** männlich, weiblich, divers

Merkmale sind für uns von besonderer Bedeutung, da diese bei einer Erhebung untersucht werden. Wir können Merkmale wie folgt einteilen:

- **Diskrete** und **stetige** Merkmale
- **Qualitative** und **quantitative** Merkmale

Diskrete und stetige Merkmale

Diskrete und stetige Verteilung

- Ein Merkmal, welches nur eine abzählbare oder endliche Menge von Ausprägungen annehmen kann, heißt **diskret**.
  Beispielhaft können die Anzahl von Studierenden in unserem Studiengang oder Anzahl von Fachsemestern genannt werden.
- Ein Merkmal, welches zumindest theoretisch alle reellen Zahlen annehmen kann, nennen wir **stetig**.
  Gewicht, Größe, Preise oder Temperaturen sind Beispiele für Variablen, die wir als stetig bezeichnen können.

Qualitative und quantitative Merkmale

Quantitative und qualitative Merkmale

- Um ein **qualitatives** Merkmal handelt es sich, wenn die Merkmalsausprägungen durch verbale Ausdrücke benannt werden können.
  Dazu gehören z. B. Farbe, Geschlecht und Wochentag.
- Alternativ dazu ist ein Merkmal **quantitativ**, wenn es sich bei den verschiedenen Merkmalsausprägungen um Zahlen handelt.
  Wir können z. B. das Alter, Gewicht oder Einkommen als quantitative Merkmale bezeichnen.

1.2 Skalen

Die verschieden Ausprägungen der Merkmale werden in Skalen erfasst. Dabei unterscheiden wir drei Hauptskalen:

- **Nominalskala**
- **Ordinalskala**
- **Kardinalskala** (metrische Skala)
  - Intervallskala
  - Verhältnisskala
  - Absolutskala

Für die unterschiedlichen Skalen werden wir im Folgenden klären, worum es sich eigentlich handelt und sorgen mit Beispielen für ein besseres Verständnis.

Nominalskala

Bei der Nominalskala lassen sich die Ausprägungen des Merkmals lediglich unterscheiden, nicht aber sortieren, d. h. in keine Reihenfolge bringen.

Beispiel

Schulfächer wie Mathematik, Deutsch, Englisch, Kunst, Sport lassen sich unterscheiden, nicht aber sortieren oder deren Abstände messen.

Ordinalskala

Bei der Ordinalskala lassen sich die Ausprägungen des Merkmals unterscheiden und in eine sinnvolle Reihenfolge bringen. Dabei können die Abstände aber nicht interpretiert werden.

Beispiel

Schulnoten lassen sich in eine Reihenfolge bringen. Aber die Abstände können nicht interpretiert werden. Eine 1 ist nicht doppelt so gut wie eine 2.

Kardinalskala / metrische Skala

Bei der Kardinalskala oder metrischen Skala lassen sich die Abstände der Ausprägungen interpretieren.

Intervall-, Verhältnis-, & Absolutskala

Im Gegensatz zur Intervallskala besitzen verhältnisskalierte Ausprägungen einen sinnvollen absoluten Nullpunkt. Die Absolutskala unterscheidet sich davon, dass sie eine natürlich gegebene Maßeinheit hat. Die Maßeinheit ist eindeutig und lässt sich nicht transformieren.

Beispiel

Die Temperaturmessung in Grad Celsius ist intervallskaliert. Die Ausprägungen lassen sich sortieren und interpretieren. 20°C ist doppelt so warm wie 10°C. Aber der Nullpunkt ist willkürlich gewählt. Sobald wir die Temperatur in Grad Fahrenheit umrechnen, sind 0°C nämlich 32°F und auch die Verhältnisse ändern sich. 10°C sind 50°F und 20°C sind 68°F und damit sind 68°F nicht mehr das Doppelte von 50°F.

Im Gegensatz dazu ist die Längenmessung verhältnisskaliert. Die Ausprägungen lassen sich sortieren, interpretieren und besitzen einen absoluten Nullpunkt. 20 cm sind doppelt so lang wie 10 cm. Unser Nullpunkt liegt bei 0 cm. Rechnen wir dies nun in eine andere Maßeinheit um, so bleiben der Nullpunkt und die Verhältnisse gleich. 200 mm sind immer noch doppelt so viel wie 100 mm und der Nullpunkt liegt bei 0 mm.

Jegliche Art von Anzahl werden mit der Absolutskala erfasst. Zum Beispiel ist die Anzahl der Stifte auf dem Schreibtisch vorgegeben. Kein Stift ist ein absoluter Nullpunkt und hinter einer Anzahl folgt auch keine Maßeinheit.

Anhand der folgenden Tabelle lässt sich schnell überprüfen, welches Skalenniveau ein Merkmal besitzt. Dazu beantworten wir fünf Fragen:

1. Lassen sich verschiedene Ausprägungen des Merkmals benennen?
2. Lassen sich die Ausprägungen ordnen?
3. Lassen sich die Abstände zwischen den Ausprägungen sinnvoll interpretieren?
4. Existiert ein absoluter Nullpunkt?
5. Ist die Skala transformierbar?

Skala	**Ausprägungen**	**Reihenfolge**	**Abstände**	**Nullpunkt**	**Skalentransf.**
Nominalskala	ja	nein	nein	nein	ja
Ordinalskala	ja	ja	nein	nein	ja
Intervallskala	ja	ja	ja	nein	ja
Verhältnisskala	ja	ja	ja	ja	ja
Absolutskala	ja	ja	ja	ja	nein

Wir sehen, dass auch die Skalen selbst eine Reihenfolge besitzen. Die Nominalskala bietet am wenigsten Informationen, während metrische Skalen am meisten Informationen beinhalten. Metrische Merkmalsausprägungen können auch als ordinal oder nominalskaliert angenommen werden, dadurch gehen aber Informationen verloren. Andersherum ist es nicht möglich, ein ordinalskaliertes Merkmal als metrisch anzunehmen, da uns dafür Informationen fehlen. Für die meisten Verfahren werden metrische Merkmale vorausgesetzt. Diese sind nicht mit nominal- oder ordinalskalierten Merkmalen umsetzbar. Entgegengesetzt sind Verfahren, die lediglich nominalskalierte Merkmale voraussetzen, problemlos mit ordinalskalierten oder metrischen Merkmalen umsetzbar.

Merke: Das Skalenniveau ist abwärts-, aber nicht aufwärtskompatibel!

1.3 Aufgaben

A-1.1 Kreuze in der nachfolgenden Tabelle an, um was es sich handelt.
Hinweis: Es können pro Merkmal mehrere Antworten möglich sein.

Merkmal	**disk.**	**stet.**	**qualit.**	**quantit.**	**nomi.**	**ordi.**	**metri.**
Körpergröße							
Studiengang							
Wohnungsmiete in Euro							
Wochentag							
Lernaufwand der letzten Woche							
Schulnoten (1, . . . 6)							
Anzahl der Haustiere							
Augenfarbe							
Entfernung Wohnung - Uni							
Außentemperatur in °C							

A-1.2 Gib für die metrisch skalierten Merkmale an, um welche Art der Skala (Intervall, Verhältnis oder Absolut) es sich handelt.

Merkmal	**Intervall**	**Verhältnis**	**Absolut**
Anzahl der eigenen Handys			
Wohnungsgröße in m^2			
Miete pro m^2			
Durchschnittstemperatur in °C			
Anzahl der Mitbewohner			

Notizen

2 Häufigkeiten

In diesem Kapitel betrachten wir die absoluten sowie relativen Häufigkeiten und beschäftigen uns mit der Fragestellung, wie sich diese in klassierten und unklassierten Daten berechnen lassen, Außerdem werden wir verschiedene Möglichkeiten der grafischen Darstellung kennenlernen.

2.1 Absolute und relative Häufigkeiten

Bei den Häufigkeiten unterscheiden wir grundsätzlich:

- **Absolute Häufigkeiten**
  Sie geben an, wie oft eine bestimmte Merkmalsausprägung oder ein bestimmtes Ereignis auftritt.
- **Relative Häufigkeiten**
  Sie geben an, welchen Anteil eine bestimmte Merkmalsausprägung von der Gesamtmenge n annimmt.

Es liegt ein Merkmal X mit den Ausprägungen $a_1, \ldots a_l$ in einer Stichprobe im Umfang von $x_1, \ldots x_n$ vor, dann können wir mit

$$h(a_j) = |\{i \in \{1, \ldots, n\} : x_i = a_j\}|$$

die Anzahl angeben, in welcher die Ausprägungen $a_j, j \in \{1, \ldots, l\}$ vorkommen.

Die **absolute Häufigkeit** eines einzelnen Merkmals a_j bezeichnen wir dabei mit:

$$h(a_j)$$

Die **relative Häufigkeit** eines einzelnen Merkmals a_j bezeichnen wir dabei mit:

$$f(a_j) = \frac{h(a_j)}{n}$$

Absolute und relative Häufigkeit

Beispiel

Es wurden zehn Kinder nach ihrer Lieblingsfarbe gefragt. Anhand dieser nominalen Beobachtungen machen wir uns deutlich, wie wir die Häufigkeiten bestimmen.
Folgende Beobachtungen liegen vor: rot, rot, grün, rot, blau, blau, grün, blau, grün, grün

Daten:

Farbe	rot	rot	grün	rot	blau	blau	grün	blau	grün	grün
Bezeichnung	x_1	x_2	x_3	x_4	x_5	x_6	x_7	x_8	x_9	x_{10}

Für die absoluten Häufigkeiten zählen wir dazu die Anzahl der jeweiligen Ausprägung. So haben beispielsweise drei Kinder „rot" als ihre Lieblingsfarbe genannt. Die relativen Häufigkeiten ergeben sich dann als Quotient der absoluten Häufigkeiten geteilt durch die Gesamtanzahl der Kinder.

Absolute und relative Häufigkeiten:

Farbe	rot	grün	blau	Summe
absolute Häufigkeiten $h(a_j)$	3	4	3	10
relative Häufigkeiten $f(a_j)$	$\frac{3}{10}$	$\frac{4}{10}$	$\frac{3}{10}$	1

Merke: Die Summe der relativen Häufigkeiten ergibt immer 1 bzw. 100%.

2.2 Klassenbildung

Falls sehr viele quantitative Merkmalsausprägungen vorliegen, ist die Erfassung aller Merkmale sehr unübersichtlich. Aus diesem Grund ist die Klassenbildung sinnvoll.

Im ersten Schritt werden Klassengrenzen definiert. Für diese gilt:

$$k_0 < k_1 < k_2 < \ldots < k_l$$

Für die Definition der Klassengrenzen ist zu beachten, dass jeder Wert x_i in genau einer Klasse $(k_{j-1}, k_j]$ liegt. Dabei bedeutet [oder], dass der Wert noch in der Klasse liegt, mit (oder) liegt der genannte Wert nicht mehr in der Klasse. Damit wird jeder Wert genau einer Klasse zugeordnet.

Dabei wird die Klassenbreite folgendermaßen berechnet:

$$\Delta_j = k_j - k_{j-1}$$

Möchten wir offene Klassen erzeugen, so werden unbeschränkte Intervalle verwendet:

$$(-\infty, k_1] \text{ bzw. } (k_{l-1}, \infty)$$

Als Klassenrepräsentant wird die Klassenmitte gewählt:

$$\bar{a}_j = \frac{k_{j-1} + k_j}{2}$$

1. Bei der Klasseneinteilung ist zu beachten, dass alle Werte genau einer Klasse zugeordnet werden müssen. Die Klasseneinteilungen dürfen sich nicht überschneiden.

2. Für die Klasseneinteilung wird eines der folgenden Maße als Orientierung für die Anzahl der Klassen genutzt:
   - $\sqrt{n}$
   - $2\sqrt{n}$
   - $10 \log n$
3. Wenn Daten zusammengefasst werden, so werden diese klassifiziert.
4. Falls quantitative Merkmale vorliegen, sollten wir versuchen, möglichst gleichgroße (äquidistante) Klassen zu erstellen.
5. Bei der Klassenbildung sollte zusätzlich versucht werden, dass die vorliegenden Beobachtungen gleichmäßig verteilt sind. Leerklassen sind genauso zu vermeiden, wie Klassen mit überproportional vielen Beobachtungen.

Beispiel

Wir schauen uns zur Verdeutlichung an, wie eine mögliche Klasseneinteilung aussehen kann, wenn 16 Monatsmieten für Studentenwohnungen und WG-Zimmer in Euro vorliegen:
234, 494, 566, 225, 582, 370, 210, 442, 266, 352, 462, 340, 310, 467, 563, 522

Je nachdem, welches der vorgestellten Maße wir nutzen möchten bzw. welches vorgegeben ist, lassen sich die Daten in unterschiedlich viele Klassen einteilen:

- $\sqrt{n} = \sqrt{16} = 4$, d. h. 4 Klassen
- $2\sqrt{n} = 2\sqrt{16} = 8$, d. h. 8 Klassen
- $10 \log n = 10 \log 16 \approx 12{,}04$, d. h. 12 Klassen

Für welche Einteilung wir uns entscheiden, hängt immer von der zu beantwortenden Fragestellung ab. Bei 12 Klassen gibt es in diesem Beispiel bereits Leerklassen, die wir vermeiden wollen. Bei 8 Klassen sind alle Klassen besetzt, bei 4 Klassen sogar alle gleichmäßig. Wir entscheiden uns daher in diesem Beispiel für 4 Klassen.

Klasse	Klassengrenzen	Klassenbreite	zugehörige Daten
$j = 1$	(200; 300]	100	210; 225; 234; 266
$j = 2$	(300; 400]	100	310; 340; 352; 370
$j = 3$	(400; 500]	100	442; 462; 467; 494
$j = 4$	(500; 600]	100	522; 563; 566; 582

Dann wird noch der Klassenrepräsentant berechnet.

Klasse	Klassengrenzen	Klassenbreite	Klassenrepräsentant
$j = 1$	(200; 300]	100	250
$j = 2$	(300; 400]	100	350
$j = 3$	(400; 500]	100	450
$j = 4$	(500; 600]	100	550

2.3 Grafische Darstellung

Vorliegende Daten können grafisch auf verschiedene Arten dargestellt werden. Je nachdem, ob nominale, ordinale oder kardinale Daten vorliegen, eignen sich verschiedene Darstellungsformen unterschiedlich gut.

2.3.1 Kreisdiagramm

Bei einem Kreisdiagramm entsprechen die Größen der einzelnen Flächen proportional der relativen Häufigkeit, wobei der Kreis insgesamt 360° entspricht. Das Kreisdiagramm eignet sich zur Darstellung von nominalen Merkmalen.

- Auch qualitative und nominal skalierte Merkmale können dargestellt werden.
- Außerdem können absolute und relative Häufigkeiten abgebildet werden.

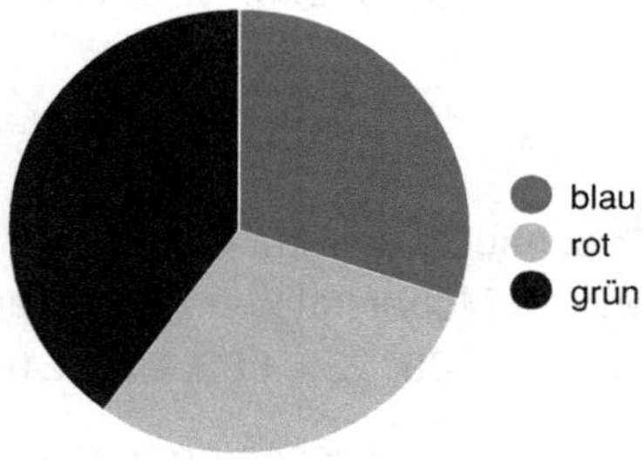

Anteil einer Ausprägung an der Kreisfläche: $\alpha_{a_j} = f(a_j) \cdot 360°$

Beispiel

Als Erstes verdeutlichen wir uns die grafische Darstellung von Daten anhand eines Kreisdiagramms. Dazu erinnern wir uns an das Beispiel der Lieblingsfarben der Kinder. Wir benötigen die relativen Häufigkeiten der drei Ausprägungen, um dann den Anteil der Kreisfläche zu berechnen.

Farbe a_j	rot	grün	blau	Summe insgesamt
absolute Häufigkeiten $h(a_j)$	3	4	3	10
relative Häufigkeiten $f(a_j)$	$\frac{3}{10}$	$\frac{4}{10}$	$\frac{3}{10}$	1
Anteil Kreisfläche α_{a_j}	108°	144°	108°	360°

Beispielhaft für die Lieblingsfarbe „rot“: $\alpha_{rot} = f(\text{rot}) \cdot 360° = \frac{3}{10} \cdot 360° = 108°$

2.3.2 Stab-, Säulen- und Balkendiagramme

Bei dem Stab- und Säulendiagramm werden die Merkmalsausprägungen auf der horizontalen Achse und die absoluten oder relativen Häufigkeiten auf der vertikalen Achse abgetragen. Die absoluten oder relativen Häufigkeiten können dabei mit Hilfe von senkrechten Strichen repräsentiert werden.

Mit Hilfe von Stabdiagrammen können sowohl nominale, als auch ordinale Merkmale dargestellt werden. Bei ordinalen Merkmalen werden die Merkmalswerte vorher geordnet.

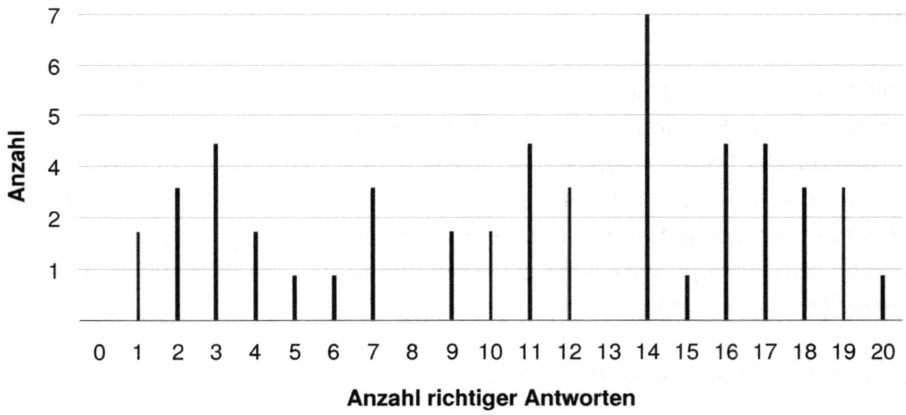

Alternativ zu Stabdiagrammen können wir auch Säulendiagramme verwenden. Dabei werden Säulen mit gleicher Breite genutzt. Es handelt sich bei den Säulen um ausgefüllte Rechtecke.

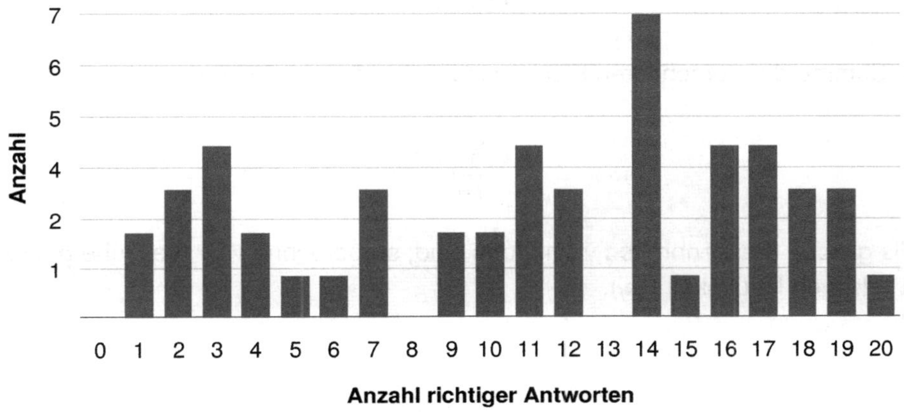

Balkendiagramme können genauso wie Stab- und Säulendiagramme erstellt werden. Die horizontale und vertikale Achse werden dabei getauscht.

Übersicht Diagramme

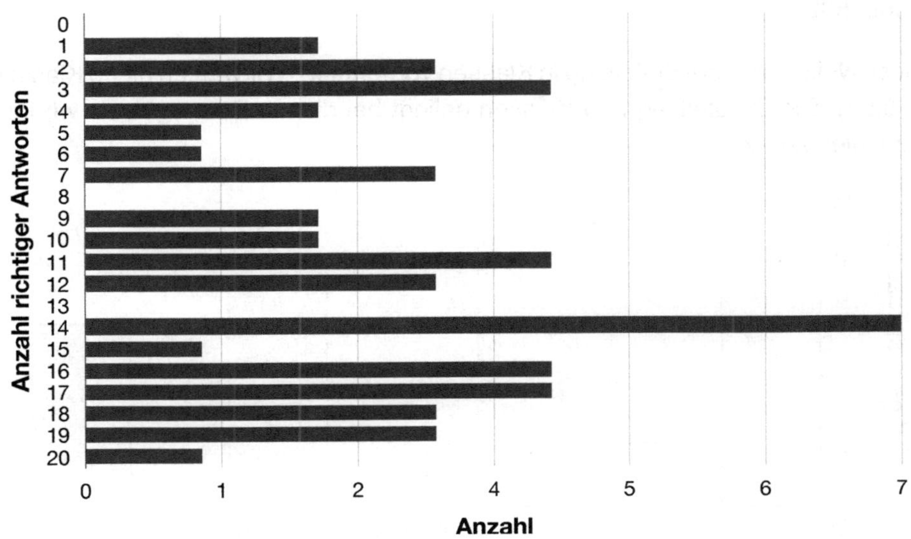

Es können absolute und relative Häufigkeiten dargestellt werden.

2.3.3 Histogramm

Mit Histogrammen können klassierte metrische Merkmale dargestellt werden. Dazu müssen die Flächen der einzelnen Histogramm-Rechtecke berechnet werden. Zum Erstellen eines Histogramms werden auf der horizontalen Achse die Klassengrenzen $k_0, \dots, k_l$ abgetragen. Für jedes Intervall $(k_{j-1}, k_j]$ gilt dabei, dass wir ein Rechteck zeichnen. Die Breite des Rechtecks entspricht dabei dem Intervall der Klassengrenze, d. h der Klassenbreite $\Delta_j = k_j - k_{j-1}$ und der Höhe $g_j = \frac{f(a_j)}{\Delta_j}$. Alternativ lassen sich Histogramme auch mit absoluten anstatt mit relativen Häufigkeiten berechnen. Dazu wird $f(a_j)$ durch $h(a_j)$ ersetzt.

Histogramm bei einer Häufigkeitsverteilung, Klassenbreite

1. Fläche des Rechtecks über die Klasse:

$$\text{Klasse}_j = \text{Klassenbreite}_j \cdot \text{Säulenhöhe}_j$$

2. Fläche für die einzelnen Rechtecke:

$$f(a_j) = (k_j - k_{j-1}) \cdot g_j$$

3. Die Summe der berechneten Flächenstücke beträgt wieder 1, d. h.

$$\sum_{j=1}^{l} f(a_j) = 1$$

4. Falls gleiche Klassenbreiten vorhanden sind, so berechnen wir die Höhe g_j proportional zur relativen Häufigkeit $f(a_j)$.

Beispiel

Die 16 Mietpreise aus dem vorherigen Beispiel ergänzen wir nachfolgend um 4 weitere Mietpreise, die von Studenten gezahlt werden. Nun haben wir eine Stichprobe vorliegen, welche 20 Mietpreise in Euro enthält: 210; 223; 225; 234; 266; 310; 340; 352; 370; 442; 442; 462; 467; 486; 494; 522; 538; 563; 566; 582

Auch für diese wollen wir eine Einteilung in Klassen vornehmen. Wir wählen hier 8 Klassen ($2 \cdot \sqrt{n} = 2 \cdot \sqrt{20} \approx 8{,}94$). Die Darstellung in 8 Klassen gelingt bei diesen Daten gut, da wir immer 50er-Schritte darstellen können.

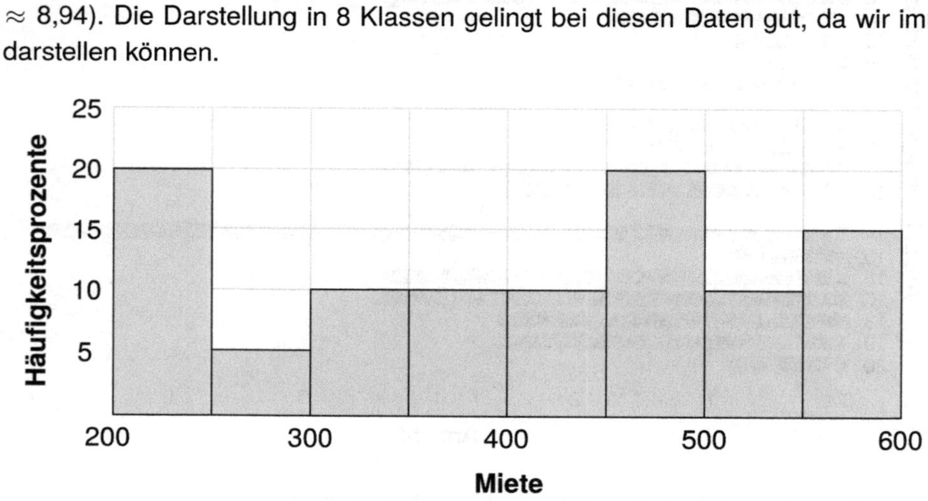

2.3.4 Empirische Verteilungsfunktion

Um eine empirische Verteilungsfunktion bestimmen und grafisch darstellen zu können, muss das Merkmal mindestens ordinal skaliert sein.

Die **Empirische Verteilungsfunktion** gibt den Anteil an Beobachtungen an, die kleiner oder gleich einer beliebigen reellen Zahl x ist. Es gilt:

$$F_n(x) = \frac{\text{Anzahl der Beobachtungen} \leq x}{n}$$

Alternativ lässt sich die empirische Verteilungsfunktion direkt aus den relativen Häufigkeiten erstellen. Dabei sind $f(a_1), \ldots, f(a_k)$ die relativen Häufigkeiten der Beobachtungen $a_1, \ldots, a_k$.

$$F_n(x) = \begin{cases} 0, & \text{falls } x < a_1 \\ \sum_{j-1}^{i} f(a_i), & \text{falls } a_i \leq x < a_{i+1},\ i \in \{1, \ldots, k-1\} \\ 1, & \text{falls } a_k \leq x \end{cases}$$

Bei der empirischen Verteilungsfunktion handelt es sich um eine Treppenfunktion, deren Sprünge an den Merkmalsausprägungen sind.

Beispiel

Es liegen die Schulnoten einer Klassenarbeit vor. Zunächst werden die relativen Häufigkeiten für die Noten bestimmt, um daraus dann $F_n(x)$ berechnen zu können.

Die Ergebnisse werden in eine Grafik abgetragen. Da es sich um kumulierte Summen handelt, muss die Verteilungsfunktion ansteigen und an den Ausprägungen des Merkmals können Sprünge vorhanden sein.

Note	$h(a_j)$	$f(a_j)$	$\sum_{j-1}^{i} f(a_i)$
1	2	$\frac{1}{11}$	$\frac{2}{22} = 0{,}09$
2	5	$\frac{5}{22}$	$\frac{7}{22} = 0{,}32$
3	11	$\frac{1}{2}$	$\frac{18}{22} = 0{,}82$
4	3	$\frac{3}{22}$	$\frac{21}{22} = 0{,}95$
5	1	$\frac{1}{22}$	$\frac{22}{22} = 1$

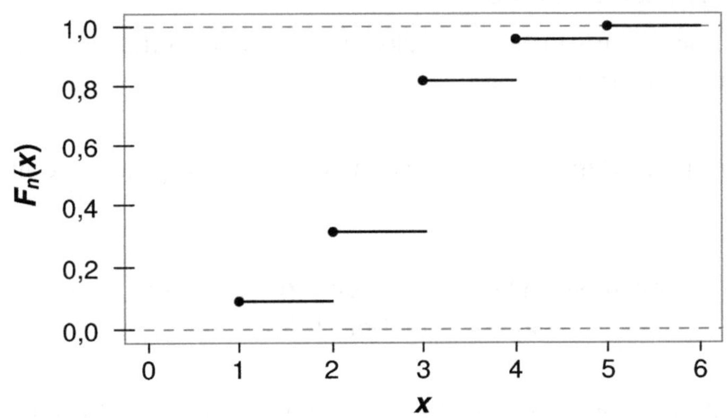

2.3.5 Interpretation von Grafiken

1. Grafiken können auf viele unterschiedliche Arten manipuliert werden.
2. Manipulationen sind nicht immer und automatisch schlecht.
3. Es ist dabei u. a. möglich, die Achsen zu verzerren. Dadurch können bestimmte Bereiche besonders hervorgehoben oder unterdrückt werden.
4. Durch Skalierung der y-Achse können bestimmte Entwicklungen dramatisiert oder alternativ dazu auch verschwiegen werden.

Bevor wir eine Grafik manipulieren, sollten wir uns immer überlegen, welchen Zweck wir damit verfolgen.

2.4 Aufgaben

A-2.1 In den nachfolgenden Tabelle sind Informationen zur letzten Wahl an der Uni gegeben und die Aufteilung der gültigen Stimmzettel auf die einzelnen Fachschaften:

Wahlberechtigte insgesamt	**51.236**
Personen, die zur Wahl gegangen sind	33.224
gültige Stimmen	29.742
ungültige Stimmen	3.482

Medizin	3.266	Jura	4.599
WIWI	5.671	Biologie	1.208
Sport	3.102	Psychologie	5.983
Mathe	3.048	Physik	2.865

a) Berechne die Anteile der ...
   - Personen, die zur Wahl gegangen sind.
   - ungültigen Stimmen von allen Wahlberechtigten.

b) Erstelle ...
   - ein Kreisdiagramm, in welchem die Anteile der gültigen Stimmzettel für die einzelnen Fachschaften dargestellt werden.
   - ein Säulendiagramm, in welchem die gültigen Stimmzettel für die einzelnen Fachschaften dargestellt werden.

A-2.2 Bei einer Umfrage werden 15 Personen nach ihrem Lieblingsmonat befragt. Die Ergebnisse lauten:

März - April - Januar - Dezember - Dezember - Juni - August - Juni - Juli - November - Februar - Juli - Dezember - März - Juli

a) Erstelle eine Tabelle, in welcher die absoluten und relativen Häufigkeiten abgebildet werden.

b) Erstelle anschließend ein Balkendiagramm.

A-2.3 Es wurden 16 Personen (#) nach ihren monatlichen Haushaltsausgaben in Euro befragt sowie den aufgesuchten Supermarkt und die zugehörige Entfernung von der Wohnung zum Supermarkt. Alle Daten sind in der folgenden Tabelle übersichtlich dargestellt.

#	Haushaltsausgaben in Euro	Supermarkt	Entfernung in km
1.	405	Lidl	2,3
2.	329	Aldi	9,8
3.	474	Lidl	13,0
4.	407	REWE	15,7
5.	495	Edeka	1,7
6.	426	Edeka	14,2
7.	305	Aldi	5,9
8.	412	Penny	13,4
9.	392	Penny	3,9
10.	472	Edeka	12,1
11.	495	Lidl	6,1
12.	382	Lidl	18,2
13.	401	Aldi	6,2
14.	451	Penny	11,5
15.	435	REWE	7,9
16.	326	Edeka	9,5

a) Führe für das Merkmal Haushaltsausgaben in Euro eine sinnvolle Klassenbildung durch. Nutze für die Klassenbildung die $\sqrt{n}$ Klassen. Erstelle eine Tabelle, in welcher die Klassengrenzen, die Klassenmitte, sowie die absoluten und relativen Häufigkeiten aufgeführt sind.

b) Erstelle passend dazu ein Histogramm für die Haushaltsausgaben.

c) Bilde 4 gleichgroße Klassen bzgl. der Klassenbreite für die zurückgelegten Kilometer. Bestimme in den Klassen jeweils die Klassenmitte, sowie die absoluten und relativen Häufigkeiten.

Notizen

3 Lagemaße

Im Allgemeinen stehen verschiedene Lagemaße zur Verfügung, um die Lage von Daten und deren Mitte zu beschreiben. Für alle Lagemaße gilt dabei gleichermaßen, dass die vorhandenen Daten auf eine einzige Größe reduziert werden. Diese Größe gibt einen Wert an, der für die Daten typisch ist und um den herum die Daten liegen.

3.1 Modus / Modalwert

> Der **Modus** oder **Modalwert** x_{mod} ist die Ausprägung, welche am häufigsten in einer Stichprobe vorkommt. Jede Ausprägung a_j, deren absolute Häufigkeit
>
> $$h(a_j) \geq h(a_{j^*}) \quad \forall j^* \in \{1, \ldots, l\}$$
>
> erfüllt, wird als Modus x_{mod} bezeichnet.
> Sollten mehrere Ausprägungen gleich häufig vorkommen, so haben wir mehrere Modi.

Modalwert, Median (Zentralwert)

Der Modus...

- kann für alle Skalenarten (nominal, ordinal und metrisch) bestimmt werden.
- kommt mindestens einmal vor. Es gibt keine Stichprobe, in welcher nicht mindestens ein Modus vorhanden ist.
- ist robust gegenüber Ausreißern.
- kann nur Werte annehmen, die beobachtet wurden.
- unterscheidet sich zu den anderen Lagemaßen in der Hinsicht, dass auch mehrere Modi vorhanden sein können und nicht immer nur ein Wert.

Ungruppierte Daten

Wir machen uns nun mit Hilfe von drei verschiedenen Beispielen mit unterschiedlichem Skalenniveau deutlich, wie sich jeweils der Modalwert bestimmen lässt.

Beispiel 1: ein Modalwert - Nominalskala

10 Schulkinder haben ihre Lieblingsfarben genannt:
rot, rot, grün, grün, blau, rot, grün, gelb, grün, blau
Wir bestimmen für jede Ausprägung die absolute Häufigkeit.

rot	grün	blau	gelb
3	4	2	1

Die Ausprägung, welche am häufigsten vorhanden ist, ist unser Modalwert: x_{mod} : grün

Beispiel 2: mehrere Modalwerte - Ordinalskala

Es liegen zehn Schulnoten einer Klassenarbeit vor:
sehr gut, gut, gut, ausreichend, mangelhaft, sehr gut, sehr gut, gut, ungenügend, ungenügend

sehr gut	gut	ausreichend	mangelhaft	ungenügend
3	3	1	1	2

Tauchen mehrere Ausprägungen gleich oft auf, so sind alle entsprechenden Ausprägungen Modalwerte. x_{mod} : sehr gut, gut

Beispiel 3: mehrere Modalwerte - metrische Skala

Es liegen die Monatsmieten für Studentenwohnungen und WG-Zimmer in Euro vor:
210; 225; 234; 266; 310; 340; 352; 370; 442; 462; 467; 494; 522; 563; 566; 582

x_{mod}: 210; 225; 234; 266; 310; 340; 352; 370; 442; 462; 467; 494; 522; 563; 566; 582

Klassierte Daten

Für den Fall, dass wir den Modus von einem klassierten Merkmal bestimmen wollen, wird als Modus häufig die Klassenmitte der Modalklasse verwendet.

- Bei **äquidistanten** Klassen liegt der Modus in der am häufigsten vorkommenden Klasse. In der Grafik ist dies der flächengrößte Balken. Da alle Balken gleich breit sind, ist es der höchste Balken.

- Bei **nicht-äquidistanten** Klassen, also Klassen mit unterschiedlichen Klassenbreiten, liegt der Modalwert in der Klasse mit der größten Häufigkeitsdichte. Durch die unterschiedlichen Breiten ist dies nicht so einfach zu erkennen.

Die Mitte der Klasse, welche den größten Histogrammwert aufweist, ist als **Modus** definiert. Die entsprechende Klasse nennt sich **Modalklasse**.

Beispiel

Für die Bestimmung des Modus bei klassierten Daten nutzen wir wieder die 20 Mietpreise, die Studenten für ihre Wohnung bzw. für ihr WG-Zimmer zahlen:
210; 223; 225; 234; 266; 310; 340; 352; 370; 442; 442; 462; 467; 486; 504; 522; 538; 563; 566; 582

Zunächst teilen wir die Daten in drei nicht-äquidistante Klassen ein, deren Klassengrenzen 200, 300, 500 und 600 sein sollen.

In der ersten Klassen $j = 1$ liegen dementsprechend: 210, 223, 225, 234 und 266. Die Klassenmitte ist $\frac{200+300}{2} = 250$. Die relative Häufigkeit $f(a_1) = \frac{5}{20} = 0{,}25$ benutzen wir um die Höhe der Klasse zu berechnen: $g_1 = \frac{f(a_1)}{\Delta_1} = \frac{0{,}25}{300-200} = 0{,}0025$. Dabei ist Δ_j die jeweilige Klassenbreite.

Auf die gleiche Art werden die anderen Klassenhöhen berechnet:

Klasse	**Klassenmitte**	$f(a_j)$	$g_j = f(a_j)/\Delta_j$
[200,300]	250	0,25	0,0025
(300,500]	400	0,45	0,00225
(500,600]	550	0,3	**0,003**

In diesem Beispiel ist die Höhe der Klasse $j = 3$ am höchsten und damit ist diese Klasse die Modalklasse. Die Klassenmitte ist der Modus: $x_{mod} = 550$

3.2 Median

Allgemein teilt der **Median** $\tilde{x}_{0,5}$ oder Zentralwert die sortierte Stichprobe oder eine Verteilung in zwei Hälften. Der Median ist die Beobachtung, die genau in der Mitte steht, d. h. links und rechts der Beobachtung liegen genau gleich viele Beobachtungen. Bei einer geraden Anzahl an Beobachtungen ist der Median als Mittelwert der beiden mittleren Beobachtungen definiert. Bei ordinalen Merkmalen sind es die beiden mittleren Beobachtungen.

Ungruppierte Daten

Es liegen die, **der Größe nach geordneten**, Beobachtungen $x_{(1)}, \ldots, x_{(n)}$ vor.
Dabei gilt: $x_{(1)} \leq x_{(2)} \leq \ldots \leq x_{(n)}$. Die Werte $x_{(i)}$ werden als ***i*-te Ordnungsstatistik** oder **Ordnungsgröße** bezeichnet.

Für den Median $\tilde{x}_{0,5} = x_{med}$ ergeben sich nun folgende Eigenschaften. Falls...

- ***n* ungerade**

$$\tilde{x}_{0,5} = x_{\left(\frac{n+1}{2}\right)}$$

Median (Zentralwert)

Umsetzung:

$$\underbrace{x_{(1)}, \ldots, x_{(\frac{n+1}{2}-1)}}_{\frac{n-1}{2}\text{ Beobachtungen}} \Big| x_{\frac{n+1}{2}} \Big| \underbrace{x_{(\frac{n+1}{2}+1)}, \ldots, x_{(n)}}_{\frac{n-1}{2}\text{ Beobachtungen}}$$

- **n gerade**

$$\text{metrisch:} \quad \tilde{x}_{0,5} = \frac{1}{2}\left(x_{(\frac{n}{2})} + x_{(\frac{n}{2}+1)}\right)$$

$$\text{ordinal:} \quad \tilde{x}_{0,5} = \left\{x_{(\frac{n}{2})}, x_{(\frac{n}{2}+1)}\right\}$$

Umsetzung:

$$\underbrace{x_{(1)}, \ldots, x_{(\frac{n}{2}-1)}}_{\frac{n}{2}-1\text{ Beobachtungen}} \Big| x_{(\frac{n}{2})},\ x_{(\frac{n}{2}+1)} \Big| \underbrace{x_{(\frac{n}{2}+2)}, \ldots, x_{(n)}}_{\frac{n}{2}-1\text{ Beobachtungen}}$$

Der Median...

- kann bei mindestens ordinal skalierten Daten bestimmt werden.
- nutzt eine geordnete Stichprobenliste.
- ist nicht empfindlich gegenüber Ausreißern, d. h. er ist robust.
- kann auch einen Wert annehmen, welcher in der Stichprobe nicht beobachtet wurde.

Beispiel

Uns liegen die Bewertungen einer Klassenarbeit gemäß der Notenskala von sehr gut bis mangelhaft von insgesamt 25 Schülern vor. Anhand der Ergebnisse der Jungen und Mädchen machen wir uns deutlich, wie sich der Median für eine gerade und ungerade Stichprobe berechnen lässt:

Ergebnis der 13 Jungen (n ungerade):
sehr gut, sehr gut, gut, gut, gut, gut, gut, befriedigend, befriedigend, ausreichend, ausreichend, mangelhaft, mangelhaft

$$\tilde{x}_{0,5} = x_{(\frac{13+1}{2})} = \text{„gut"}$$

Ergebnis der 12 Mädchen (n gerade, sortiert):
sehr gut, sehr gut, sehr gut, sehr gut, sehr gut, gut, befriedigend, ausreichend, mangelhaft, mangelhaft, mangelhaft, ausreichend

$$\tilde{x}_{0,5} = \left\{x_{\frac{12}{2}}, x_{\frac{12}{2}+1}\right\} = \text{„gut" und „befriedigend"}$$

Beispiel

Für die Berechnung des Median bei metrischen Ausprägungen nutzen wir neun beispielhaft ausgesuchte Monatsmieten für Studentenwohnungen in Euro (n ungerade, sortiert):
271; 301; 304; 351; 371; 372; 391; 405; 428

$$\tilde{x}_{0,5} = x_{(\frac{9+1}{2})} = 371$$

Liegt uns eine gerade Anzahl von metrischen Merkmalsausprägungen vor, so nutzen wir die Formel für n gerade, metrisch:
210; 225; 234; 266; 310; 340; 352; 370; 442; 462; 467; 494; 522; 563; 566; 582

$$\tilde{x}_{0,5} = \frac{x_{(8)} + x_{(9)}}{2} = \frac{370 + 442}{2} = 406$$

Der Median nimmt bei der geraden Anzahl an metrischen Ausprägungen einen Wert an, der so nicht beobachtet wurde.

Klassierte, stetige Daten

Für die Medianberechnung bei klassierten Daten müssen vorher die Klassengrenzen $k_0, k_1, \ldots, k_l$, die Klassenrepräsentanten $a_1, \ldots, a_l$ und die Häufigkeitsverteilung $f(a_1), \ldots, f(a_l)$ bestimmt werden.

$F_n(k_j)$, $\tilde{F}_n(x)$ sei die linear interpolierte Approximation der empirischen Verteilungsfunktion. Dann lässt sich der Median berechnen durch:

$$x_{med} = \tilde{x}_{0,5} = k_{j-1} + \frac{0,5 - F_n(k_{j-1})}{f(a_j)} \cdot (k_j - k_{j-1})$$

wobei j die „mittlere" Klasse ist, für die gilt:

$$F_n(k_{j-1}) < 0,5 \text{ und } F_n(k_j) \geq 0,5$$

Beispiel

Erneut ziehen wir die schon mehrfach genutzten Mietpreise (Anzahl 20) aus den vorherigen Beispielen zur Verdeutlichung der Berechnung heran. Eingeteilt sind diese in vier äquidistante Klassen. Zur Berechnung des Medians müssen wir zunächst die Klassenrepräsentanten, die Klassenbreiten, die relativen Häufigkeiten und die Werte der empirischen Verteilungsfunktionen berechnen.

Klasse	**Klassen-grenzen**	**Klassen-breite**	**Klassen-repräsentant**	$h(a_j)$	$f(a_j)$	F_n
$j = 1$	(200;300]	100	250	5	$\frac{5}{20}$	$\frac{5}{20} = 0,25$
$j = 2$	(300;400]	100	350	7	$\frac{7}{20}$	$\frac{12}{20} = 0,6$
$j = 3$	(400;500]	100	450	4	$\frac{4}{20}$	$\frac{16}{20} = 0,8$
$j = 4$	(500;600]	100	550	4	$\frac{4}{20}$	$\frac{20}{20} = 1$

Der Median ergibt sich dann aus der oben kennengelernten Formel:

$$\tilde{x}_{0,5} = 300 + \frac{0,5 - \frac{5}{20}}{\frac{7}{20}} \cdot (300 - 200) = 371,43$$

3.3 (Gewichtetes) arithmetisches Mittel

Arithmetisches Mittel

Das arithmetische Mittel oder der arithmetische Mittelwert $\overline{x}$, auch umgangssprachlich als Mittelwert oder Durchschnitt bezeichnet, berechnet sich aus der Summe aller Beobachtungen geteilt durch die Anzahl n der Beobachtungen.

Mittelwert, Median, Modalwert

Seien x_i, $i = 1, \ldots, n$, Beobachtungen einer Stichprobe, so berechnet sich das **arithmetische Mittel** $\overline{x}_n$ als:

$$\overline{x}_n = \frac{1}{n}\sum_{i=1}^{n} x_i$$

Beispiel

Wir wollen das arithmetische Mittel von 16 Monatsmieten in Euro berechnen:
234; 494; 566; 225; 582; 370; 210; 442; 266; 352; 462; 340; 310; 467; 563; 522

$$\overline{x}_n = \frac{1}{n}\sum_{i=1}^{n} x_i = \frac{1}{16} \cdot (234 + 494 + \ldots + 563 + 522) = \frac{1}{16} \cdot 6405 = 400{,}3125 \approx 400{,}31$$

Der arithmetische Mittelwert der Monatsmieten beträgt 400,31€.

Gewichtetes arithmetisches Mittel

Eine erweiterte Form des arithmetischen Mittels ist das gewichtete arithmetische Mittel $\overline{x}_g$. Dies wird genutzt, wenn die Beobachtung mit unterschiedlicher Gewichtung in die Berechnung einfließen sollen. Eines der bekanntesten Beispiele dafür ist die Zeugnisnote, die sich aus unterschiedlich stark gewichteten mündlichen und schriftlichen Noten zusammensetzt. Außerdem eignet sich das gewichtete arithmetische Mittel für klassierte Daten, die ohne Stichprobe oder diskrete Häufigkeitsverteilung vorliegen.

Seien $x_1 \ldots x_n$ beliebige reelle Zahlen mit Gewichten $g_1 \ldots g_n$, wobei für diese gilt: $g_i \geq 0$, $i \in \{1, \ldots, n\}$ und $\sum_{i=1}^{n} g_i = 1$.

Dann berechnet sich das **gewichtete arithmetische Mittel** $\overline{x}_g$ gemäß:

$$\overline{x}_g = g_1 x_1 + \ldots + g_n x_n = \sum_{i=1}^{n} g_i x_i$$

Beispiel

Es liegen die monatlichen Ausgaben für Lebenskosten von Singles vor.

$\overline{x}_g = 250 \cdot 0{,}5 + 350 \cdot 0{,}25 + 450 \cdot 0{,}15 + 550 \cdot 0{,}1$
$= 335$

Beobachtungswert x_i	**Gewicht g_i**
250	0,5
350	0,25
450	0,15
550	0,1

- Das arithmetische und gewichtete arithmetische Mittel lässt sich nur für metrische Daten bestimmen.
- Das arithmetische Mittel ist sehr anfällig für Ausreißer. Jede Beobachtung hat ein Gewicht von $\frac{1}{n}$.
- Das arithmetische Mittel kann, genauso wie der Median, Werte annehmen, die nicht beobachtet wurden.

Eigenschaften des arithmetischen Mittels

Falls zwei quantitative Merkmale (X und Y) vorliegen, d. h. $x_1, \ldots, x_n$ und $y_1, \ldots, y_n$, so besitzt das arithmetische Mittel zwei relevante Eigenschaften:

- Möglichkeit der linearen Transformation:

$$z_i = ax_i + b, \ \mathrm{i} \in \{1, \ldots, n\}, \ \mathrm{a,b} \in \mathbb{R}$$

  Es gilt: $\overline{z} = a\overline{x} + b$.

- Falls $z_i = x_i + y_i$, so gilt dieses auch für das arithmetische Mittel .

Beispiel

Uns sind die Lebenskosten von fünf Personen inklusive Mietkosten pro Monat bekannt:
$x_1 = 2.500, \ x_2 = 3.000, \ x_3 = 5.000, \ x_4 = 1.500, \ x_5 = 2.000$

Für das arithmetische Mittel gilt:

$$\overline{x} = \frac{1}{5}\sum_{i=1}^{n} x_i = \frac{1}{5} \cdot (2.500 + 3.000 + 5.000 + 1.500 + 2.000) = \frac{1}{5} \cdot 14.000 = 2.800$$

Zum neuen Jahr erfolgt eine Mietkostenerhöhung um 5 Prozent. Weitere 100 Euro werden von jeder Person für den Unterhalt des Autos benötigt.
$z_1 = 2.725, \ z_2 = 3.250, \ z_3 = 5.350, \ z_4 = 1.675, \ z_5 = 2.200$
Für $\overline{z}$ ergibt sich: $\overline{z} = 3.040$.
Mittels linearer Transformation lässt es sich auch direkt berechnen:
$\overline{z} = 1{,}05 \cdot 2.800 + 100 = 3.040$

Fallen jetzt auch noch zusätzliche, aber unterschiedliche Kosten für den Telefon- und Handyvertrag an, so können wir direkt berechnen:
$y_1 = 100$, $y_2 = 250$, $y_3 = 150$, $y_4 = 0$, $y_5 = 50$
Für $\overline{y}$ ergibt sich: $\overline{y} = 110$

Für die gesamten Kosten $L_i = Z_i + Y_i$ ergibt sich:
$L_1 = 2.825$, $L_2 = 3.500$, $L_3 = 5.500$, $L_4 = 1.675$, $L_5 = 2.250$
Für $\overline{L}$ ergibt sich: $\overline{L} = 3.150$, wobei $\overline{L} = \overline{Z} + \overline{Y} = 3040 + 110 = 3.150$.

3.4 (Gewichtetes) geometrisches Mittel

Geometrisches Mittel

Das geometrische Mittel ist ähnlich wie das arithmetische Mittel aufgebaut. Beim geometrischen Mittelwert berechnen wir das Produkt der Beobachtungen und ziehen daraus die n-te Wurzel.

Geometrisches Mittel

Liegen $x_1, \ldots, x_n$ positive Merkmale einer Stichprobe vor, lässt sich das **geometrische Mittel** $\overline{x}_G$ wie folgt berechnen:

$$\overline{x}_G = \sqrt[n]{x_1 \cdot x_2 \cdot \ldots \cdot x_n} = \left(\prod_{i=1}^{n} x_i \right)^{\frac{1}{n}}$$

Geometrisches Mittel mit Prozentzahlen

- Das geometrische Mittel wird genutzt, wenn ein Maß für durchschnittliche relative Änderungen bzw. für Wachstumsraten benötigt wird.
- Zur Berechnung des geometrischen Mittels muss ein metrisches Merkmal vorliegen.
- Es dürfen keine negativen Merkmalsausprägungen vorhanden sein.
- Weiterhin gilt oft die Annahme, dass $x_i > 0$, $i = 1, \ldots, n$, denn falls $x_i = 0$ wäre $\overline{x}_G = 0$
- Das geometrische Mittel ist immer kleiner gleich dem arithmetischen Mittel.

Beispiel

Mit Hilfe von Veränderungsraten eines Verkaufspreises von einem fiktiven Produkt können wir uns die Berechnung verdeutlichen:

Veränderungsrate	2%	4%	-5%	10%
Veränderungsfaktor	1,02	1,04	0,95	1,10

$\overline{x}_G = \sqrt[4]{1{,}02 \cdot 1{,}04 \cdot 0{,}95 \cdot 1{,}10} = \sqrt[4]{1{,}108536} \approx 1{,}03$

Gewichtetes geometrisches Mittel

Analog zum gewichteten arithmetischen Mittel lässt sich das **gewichtete geometrische Mittel** $\overline{x}_{G,g}$ berechnen. Liegen die Beobachtungen $x_1, \ldots, x_n$, sowie die dazugehörigen Gewichte $g_1, \ldots, g_n \geq 0$, mit $\sum_{i=1}^{n} g_i = 1$ vor, erfolgt die Berechnung gemäß:

$$\overline{x}_{G,g} = x_1^{g_1} \cdot x_2^{g_2} \cdot \ldots \cdot x_n^{g_n} = \prod_{i=1}^{n} x_i^{g_i}$$

Beispiel

Als Beispiel zur Berechnung des gewichteten geometrischen Mittels stehen uns monatliche Ausgaben für Hobbies zur Verfügung. Mit Hilfe der Daten aus der nachfolgenden Tabelle können wir die Berechnung durchführen.

$\overline{x}_{G,g} = 100^{0,5} \cdot 256^{0,25} \cdot 625^{0,15} \cdot 1024^{0,1} = 210{,}1222$

Beobachtungswert x_i	**Gewicht g_i**
100	0,5
256	0,25
625	0,15
1024	0,1

3.4.1 Wachstumsraten und Wachstumsfaktor

Wachstumsraten geben die relative Zunahme einer Größe über eine Zeitspanne an. Liegen uns keine Wachstumsraten vor, aber z. B. verschiedene Zeitpunkte und die dazugehörigen Verkaufspreise der Produkte zum entsprechenden Zeitpunkt, so lässt sich die Wachstumsrate berechnen.

$y_0, y_1, \ldots, y_T$ wurden in einer zeitlichen Abfolge beobachtet.

Die **Wachstumsrate** γ_t von y_{t-1} zu y_t kann gemäß nachfolgender Formel bestimmt werden:

$$\gamma_t := \frac{y_t - y_{t-1}}{y_{t-1}} = \frac{y_t}{y_{t-1}} - 1$$

mit $t \in \{1, \ldots, T\}$

Damit kann auch der Wachstumsfaktor berechnet werden.

Der **Wachstumsfaktor** ω_t von y_{t-1} nach y_t berechnet sich folgendermaßen:

$$\omega_t := 1 + \gamma_t = \frac{y_t}{y_{t-1}}$$

Es gilt: $y_t = (1 + \gamma_t) \cdot y_{t-1}$

Beispiel

Wir haben die Absatzzahlen eines Produktes vorliegen und wollen nun Wachstumsrate und Wachstumsfaktor ausrechnen, um Aussagen treffen zu können:

Monat	Sep. 19	Okt. 19	Nov. 19	Dez. 19
Zeitpunkt t	0	1	2	3
Verkaufspreis y_t	3	4	3,5	4,2
Wachstumsrate γ_t		$\frac{1}{3}$	-0,125	0,2
Wachstumsfaktor ω_t		$\frac{4}{3}$	0,875	1,2

Für den Zeitpunkt $t = 2$ gilt:

$$\gamma_2 = \frac{y_2}{y_1} - 1 = \frac{3,5}{4} - 1 = \frac{7}{8} - 1 = -\frac{1}{8} = -0,125$$
$$\omega_2 = \frac{y_2}{y_1} = \frac{3,5}{4} = 0,875$$

Es fand in dem Monat kein Wachstum, sondern eine Abnahme statt.

3.5 (Gewichtetes) harmonisches Mittel

Das harmonische Mittel $\overline{x}_H$ bzw. gewichtete harmonische Mittel wird oft eingesetzt, wenn $x_1, \ldots, x_n$ metrische, positive Beobachtungen vorliegen, welche Quotienten der Art „Weg - Zeit“; „Preis - Menge“; „Menge - Zeit“ mit einem festen Zähler haben.

Harmonisches Mittel

Harmonisches Mittel

Das **Harmonische Mittel** $\overline{x}_H$ wird berechnet:

$$\overline{x}_H = \frac{n}{\frac{1}{x_1} + \frac{1}{x_2} + \ldots + \frac{1}{x_n}} = \frac{1}{\frac{1}{n}\sum_{i=1}^{n}\frac{1}{x_i}}$$

Beispiel

Damit wir zukünftig wissen, wie die Berechnung durchgeführt wird, schauen wir uns wieder ein Beispiel an: Ein Kind kauft 5 Mal Spielzeug für jeweils 20 Euro. Dafür erhält es, je nachdem wie teuer das ausgesuchte Spielzeug ist, 2, 4, 5, 10, 20 verschiedene Spielzeuge, wobei die Spielzeuge immer den gleichen Preis haben. D. h. bei 2 Spielzeugen jeweils 10 Euro, bei 20 Spielzeugen jeweils 1 Euro.

$$\overline{x}_H = \frac{5}{\frac{1}{2} + \frac{1}{4} + \frac{1}{5} + \frac{1}{10} + \frac{1}{20}} = \frac{5}{1,1} = \frac{50}{11} \approx 4,55$$

Mit Hilfe des harmonischen Mittels konnten wir ausrechnen, dass sich im Schnitt 4,55 Spielzeuge für einen Gesamtpreis von 20 Euro kaufen lassen.

Gewichtetes harmonisches Mittel

Analog zum gewichteten arithmetischen und geometrischen Mittel lässt sich ein gewichtetes harmonisches Mittel berechnen.

Es liegen $x_1, \dots, x_n$ metrische, positive Beobachtungen, mit den Gewichten $g_1, \dots, g_n \geq 0$ vor, mit $\sum_{i=1}^{n} g_i = 1$.

Dann lässt sich das **gewichtete harmonische Mittel** $\overline{x}_{H,g}$ berechnen:

$$\overline{x}_{H,g} = \frac{1}{\sum_{i=1}^{n} \frac{g_i}{x_i}}$$

Beispiel

Erneut liegen uns Informationen zu den monatlichen Ausgaben für Lebenskosten für Singles vor. Es liegen allerdings keine absoluten Zahlen vor, sodass wir das gewichtete harmonische Mittel zur Berechnung anwenden müssen.

$$\overline{x}_{H,g} = \frac{1}{\frac{0,5}{250} + \frac{0,25}{350} + \frac{0,15}{450} + \frac{0,1}{550}} = \frac{1}{0,003229437} \approx 309,65$$

Beobachtungswert x_i	Gewicht g_i
250	0,5
350	0,25
450	0,15
550	0,1

3.6 *p*-Quantile

Wir können *p*-Quantile für vorliegende Beobachtungen bestimmen, wenn diese mindestens ordinal skaliert sind. Das *p*-Quantil wird dabei mit $\tilde{x}_p$ bezeichnet.

Für das zu berechnende *p*-Quantil gilt, dass $p \cdot 100\%$ der vorliegenden Beobachtungswerte kleiner oder gleich $\tilde{x}_p$ sind. Zudem gilt, dass mindestens $(1-p) \cdot 100\%$ der vorliegenden Werte größer oder gleich $\tilde{x}_p$ sind.

Ein *p*-Quantil ist uns bereits bekannt: $\tilde{x}_{0,5}$. Der Median teilt die sortierten Beobachtungen in zwei Hälften (50%-50%). Mit dem *p*-Quantil können wir die Beobachtungen in verschiedene Anteile teilen, bspw. 20% und 80% oder 10% und 90%.

Liegen $x_{(1)}, \dots, x_{(n)}$ der Größe nach geordnete Beobachtungen eines mindestens ordinal skalierten Merkmals vor, so können wir für $p \in (0,1)$ das jeweilige *p*-Quantil berechnen.

Zunächst wird die Stelle *k* für ein beliebiges ***p*-Quantil x_p** berechnet, an welcher die Beobachtungen geteilt werden:

$$k = n \cdot p$$

Dabei können zwei Fälle eintreten:

- Falls ***k* ganzzahlig**, so gilt für das Quantil:

$$\tilde{x}_p = \frac{1}{2}(x_{(k)} + x_{(k+1)})$$

- Falls ***k* nicht ganzzahlig**, so wird k auf die nächste ganzzahlige Zahl aufgerundet und es gilt für das Quantil:

$$x_p = x_{(\lceil k \rceil)}$$

Spezialfälle des *p*-Quantils

Quantil	$\tilde{x}_{0,5}$	$\tilde{x}_{0,25}$	$\tilde{x}_{0,75}$	$\tilde{x}_{0,10}$	$\tilde{x}_{0,90}$
Bezeichnung	Median	unteres Quartil	oberes Quartil	unteres Dezil	oberes Dezil

Beispiel

Um die Berechnung von Quantilen anhand von realen Aufgaben nachvollziehen zu können, schauen wir uns gemeinsam die nachfolgenden Beispiele an:

$$n = 20,\ \text{unser gewähltes } p = 0{,}1$$
$$k = n \cdot p = 20 \cdot 0{,}1 = 2$$
$$x_p = \frac{1}{2}(x_{(k)} + x_{(k+1)}) = \frac{1}{2}(x_{(2)} + x_{(3)})$$

$$n = 25,\ \text{unser gewähltes } p = 0{,}25$$
$$k = n \cdot p = 25 \cdot 0{,}25 = 6{,}25 \rightarrow 7$$
$$\text{d.h } x_p = x_{(7)}$$

3.7 Vergleich der Lagemaße

Liegen $x_1, \ldots, x_n$ metrische, positive Beobachtungen mit den Gewichten $g_1, \ldots, g_n \geq 0$, vor und für die Gewichte gilt $g_i = 1$, so gilt für die Lagemaße:

- $\overline{x}_{H,g} \leq \overline{x}_{G,g} \leq \overline{x}_g$
- $\overline{x}_{H,g} = \overline{x}_{G,g} = \overline{x}_g$, wenn $x_i = x_j \quad \forall i,j \in \{1, \ldots, n\}$ mit $g_i, g_j > 0$
- $\min\{x_1, \ldots, x_n\} \leq \overline{x}_{H,g} \leq \overline{x}_{G,g} \leq \overline{x}_g \leq \max\{x_1, \ldots, x_n\}$

3.8 Klassierte Daten

Liegen gewichtete klassierte Daten vor und seien $\overline{a}_{jH}$, $\overline{a}_{jG}$, $\overline{a}_j$ die Mittel der $j \in \{1, \ldots, l\}$ Klassen und $f(a_1), \ldots, f(a_j)$ die relativen Häufigkeitsverteilungen, so lassen sich auch die gewichteten Mittel berechnen.

Nachfolgend wenden wir die drei besprochenen gewichteten Mittel anhand von unterschiedlichen Beispieldaten an.

Zur Erinnerung:

- arithmetisches Mittel: $\overline{x} = \sum_{j=1}^{I} \overline{a}_j \cdot f(a_j)$
- geometrisches Mittel: $\overline{x}_G = \prod_{j=1}^{I} \overline{a}_{jG}^{\,f(a_j)}$
- harmonisches Mittel: $\overline{x}_H = \frac{1}{\sum_{j=1}^{I} \frac{f(a_j)}{\overline{a}_{jH}}}$

Arithmetisches Mittel

Klasse j	$\overline{a}_j$	$f(a_j)$
$j = 1$	105	0,1
$j = 2$	207	0,25
$j = 3$	310	0,4
$j = 4$	427	0,25

$$\overline{x} = 105 \cdot 0{,}1 + 207 \cdot 0{,}25 + 310 \cdot 0{,}4 + 427 \cdot 0{,}25 = 293$$

Geometrisches Mittel

Klasse j	$\overline{a}_{jG}$	$f(a_j)$
$j = 1$	120	0,2
$j = 2$	230	0,6
$j = 3$	310	0,05
$j = 4$	450	0,15

$$\overline{x}_G = 120^{0,2} \cdot 230^{0,6} \cdot 310^{0,05} \cdot 450^{0,15} \approx 226{,}69$$

Harmonisches Mittel

Klasse j	$\overline{a}_{jH}$	$f(a_j)$
$j = 1$	135	0,15
$j = 2$	215	0,35
$j = 3$	325	0,2
$j = 4$	470	0,3

$$\overline{x}_H = \frac{1}{\frac{0,15}{135} + \frac{0,35}{215} + \frac{0,2}{325} + \frac{0,3}{470}} \approx 250{,}46$$

3.9 Aufgaben

A-3.1 20 Geschäftsleute wurden gefragt, wie viele Kilometer sie im letzten Jahr geschäftlich zurückgelegt haben.

7.388, 7.608, 12.460, 12.709, 19.742, 20.533, 21.035, 21.891, 23.049, 24.438, 25.040, 25.344, 28.321, 30.391, 33.308, 34.220, 36.099, 41.067, 41.457, 43.188

Bestimme das arithmetische Mittel, den Median, sowie das untere und obere Dezil.

A-3.2 Die nachfolgenden Zahlen geben die geschätzte Lebensdauer in Tagen von 36 Krebspatienten wieder.

88, 222, 299, 412, 441, 617, 807, 841, 861, 880, 892, 1.004, 1.497, 1.654, 1.692, 1.852, 1.906, 1.910, 2.251, 2.288, 2.327, 2.415, 2.691, 2.818, 2.952, 3.016, 3.042, 3.232, 3.272, 3.303, 3.469, 3.554, 3.602, 3.611, 3.752, 3.949

a) Bestimme das arithmetische Mittel der Lebensdauer der 36 Krebspatienten.

b) Überführe die Stichprobe der Lebensdauern in klassierte Daten, wobei eine Einteilung in 8 Klassen vorgenommen werden soll. Die jeweiligen oberen Klassengrenzen sollen dabei durch 500; 1.000; 1.500; 2.000; 2.500; 3.000; 3.500 und 4000 repräsentiert werden sollen. Bestimme für jede Klasse das arithmetische Mittel.

c) Stelle dir vor, dass nur die Klasseneinteilung aus Teil b) mit den absoluten und relativen Häufigkeiten vorliegt. Berechne dann das arithmetische Mittel jeder Klasse.

A-3.3 Wir haben erspartes Geld in 5 verschiedene Wertpapiere investiert. Von jedem Wertpapier besitzen wir dabei genau 10 Stück, für die sich jeweils die Gesamtanfangs- und Endwerte der Tabelle entnehmen lassen.

Papier	**1**	**2**	**3**	**4**	**5**
Anfangswert	120	180	200	40	50
Endwert	160	120	160	100	50

Rechne mit Hilfe eines geeigneten Lagemaßes die durchschnittliche Wachstumsrate aus.

A-3.4 Im Urlaub haben wir über einen Zeitraum von 10 Tagen die Windstärke gemessen. Diese haben wir als ordinales Merkmal festgehalten.

4, 7, 11, 11, 6, 4, 4, 2, 5, 7

Bestimme den Median sowie das obere und untere Quartil.

A-3.5 Wir fahren mit dem Auto 4 unterschiedliche Teilstrecken.

Teilstrecke	**1**	**2**	**3**	**4**
Länge in km	100	120	200	80
Geschwindigkeit in km/h	160	80	120	60

Berechne mit Hilfe eines geeigneten Maßes die durchschnittliche Geschwindigkeit.

A-3.6 In den letzten 4 Jahren haben wir unser Guthaben x wie folgt verzinst:

Jahr	**1**	**2**	**3**	**4**
Zinssatz	+3 %	+6%	-2%	+5%

Berechne den durchschnittlichen Zinssatz mit einem geeigneten Maß.

4 Streuungsmaße

Mit Hilfe von verschiedenen Streuungsmaßen oder Streuungsparametern können wir analysieren, wie weit unsere Daten voneinander entfernt („verstreut") liegen bzw. wie weit sie um ein geeignetes Zentrum streuen. Dafür stehen verschiedene Streuungsmaße zur Verfügung.

- Streuungsmaße basieren immer auf der Differenz von Lagemaßen.
- Die Abweichung zwischen dem Lagemaß und den dazugehörigen beobachteten Werten kann mit Hilfe von Streuungsmaßen bestimmt werden.
- Streuungsmaße geben eine Auskunft darüber, wie weit die einzelnen Merkmalsausprägungen einer statistischen Reihe voneinander bzw. vom Mittelwert abweichen.

Interpretation des Wertes des Streuungsmaßes

- Je mehr die Beobachtungen streuen, desto größer ist der Wert.
- Je kleiner der Wert, desto weniger streuen die Beobachtungen.

4.1 Spannweite

Die Spannweite r gibt die Differenz zwischen dem größten und kleinsten Wert an und ist damit das einfachste Streuungsmaß.

Ungruppierte Daten

Die **Spannweite** r berechnet sich aus:

$$r = x_{max} - x_{min}$$

- Es wird ein metrisch skaliertes Merkmal benötigt.
- Bei der Spannweite r werden immer nur zwei Ausprägungen berücksichtigt: die kleinste Ausprägung x_{min} und die größte Ausprägung x_{max}.
- Alle anderen Informationen über die vorliegenden Daten gehen verloren.
- Daher nicht robust bei Ausreißern.

Beispiel

Wir machen uns anhand von den WG-Mietpreisen einmal die Berechnung deutlich.
234; 494; 566; 225; 582; 370; 210; 442; 266; 352; 462; 340; 310; 467; 563; 522

Wir suchen uns den größten und kleinsten Wert und bilden davon die Differenz. Spannweite:

$$r = x_{\max} - x_{\min} = 582 - 210 = 372$$

Klassierte Daten

Bei klassierten Daten muss r approximiert werden.

> Die Klassen $[k_0, k_1]$, $(k_1, k_2]$, ..., $(k_{l-1}, k_l]$ sind bekannt, dann berechnet sich die **Spannweite r bei klassierten Daten:**
>
> $$r \approx k_l - k_0$$

Beispiel

Analog zu den unklassierten Daten können wir auch die Spannweite bei klassierten Daten berechnen:

$$r = k_l - k_0 = 600 - 200 = 400$$

Klasse	Klassengrenzen	Klassenbreite
$j = 1$	[200;300]	100
$j = 2$	(300;400]	100
$j = 3$	(400;500]	100
$j = 4$	(500;600]	100

4.2 Empirische Varianz

Mit der Empirischen Varianz s^2 können wir die mittlere quadrierte Abweichung um $\overline{x}$ bestimmen.

Ungruppierte Daten

> Liegen $x_1, \ldots, x_n$ Beobachtungen vor, wird im ersten Schritt das arithmetische Mittel $\overline{x}$ berechnet. Im Anschluss daran kann die **Empirische Varianz** s^2 berechnet werden.
>
> $$s^2 = \frac{1}{n}[(x_1 - \overline{x})^2 + \ldots + (x_n - \overline{x})^2] = \frac{1}{n}\sum_{i=1}^{n}(x_i - \overline{x})^2$$

- Die Empirische Varianz ist immer größer oder gleich 0, d. h. $s^2 \geq 0$.
- Es gilt: $s^2 = 0 \leftrightarrow x_i = \overline{x}$
- Die empirische Varianz ist sehr empfindlich gegenüber Ausreißern.

- Der Zusatz „empirisch" zeigt an, dass es sich um die Varianz handelt, welche aus tatsächlichen, konkreten Daten berechnet wird. Wird der Zusatz „empirisch" nicht genutzt, so handelt es sich um die **Stichprobenvarianz** $\hat{s}^2$.

$$\hat{s}^2 = \frac{1}{n-1} \sum_{i=1}^{n} (x_i - \overline{x})^2$$

  Für große Stichproben ist der Unterschied zwischen den beiden Varianzen allerdings nur gering.

- In der deskriptiven Statistik wird die Empirische Varianz genutzt.

> Falls eine relative Häufigkeitsverteilung von $f(a_1), \ldots, f(a_l)$ vorliegt, wird die **Empirische Varianz** s^2 mit Hilfe der relativen Häufigkeiten berechnet.
>
> $$s^2 = \sum_{j=1}^{l} f(a_j)(a_j - \overline{x})^2 \quad \text{mit}\, \overline{x} = \sum_{j=1}^{l} f(a_j) \cdot a_j$$

Beispiel

Wir möchten nun die empirische Varianz für die nachfolgenden WG-Mietpreise berechnen:
234; 494; 566; 225; 582; 370; 210; 442; 266; 352; 462; 340; 310; 467; 563; 522

Dazu berechnen wir zunächst das arithmetische Mittel $\overline{x}$ und setzen dies in die Formel für die Empirische Varianz oder Stichprobenvarianz ein:

$$\overline{x} = \frac{1}{16} \cdot 6.405 = 400{,}3125$$

Empirische Varianz:

$$\begin{aligned} s^2 &= \frac{1}{16} \cdot (234 - 400{,}3125)^2 + (494 - 400{,}3125)^2 + \ldots + (522 - 400{,}3125)^2 \\ &= \frac{1}{16} \cdot 248.205{,}4 \approx 15.512{,}84 \end{aligned}$$

Stichprobenvarianz:

$$\begin{aligned} \hat{s}^2 &= \frac{1}{16-1} \cdot (234 - 400{,}3125)^2 + (494 - 400{,}3125)^2 + \ldots + (522 - 400{,}3125)^2 \\ &= \frac{1}{15} \cdot 248.205{,}4 \approx 16.547{,}03 \end{aligned}$$

Klassierte Daten

Liegen klassierte Daten vor, so benötigen wir:

- die Klassengrenzen $k_0, \ldots, k_l \in \mathbb{R}$
- den Klassenrepräsentanten $\overline{a}j$, wobei dieser sich wie folgt berechnen lässt: $\overline{a}_j = \frac{k_j + k_{j-1}}{2}$, die Anzahl der Klassenrepräsentanten entspricht dabei der Anzahl der gebildeten Klassen
- die Häufigkeitsverteilung $f(a_1), \ldots, f(a_l)$

Im Anschluss kann die **Empirische Varianz** s^2_{klass} für klassierte Daten bestimmt werden:

$$s^2_{klass} = \sum_{j=1}^{l} f(a_j) \cdot (a_j - \overline{x})^2 \quad \text{mit } \overline{x} = \sum_{j=1}^{l} f(a_j) \cdot \overline{a}_j$$

Beispiel

Wir rechnen einmal gemeinsam die empirische Varianz für klassierte Daten für die vorliegenden Werte aus:

Klasse	**Klassengrenzen**	**Klassenrepräsentant a_j**	**$f(a_j)$**
$j = 1$	(450; 500]	475	0,2
$j = 2$	(500; 550]	525	0,4
$j = 3$	(550; 600]	575	0,1
$j = 4$	(600; 650]	625	0,3

$$\overline{x} = 475 \cdot 0{,}2 + 525 \cdot 0{,}4 + 575 \cdot 0{,}1 + 625 \cdot 0{,}3 = 550$$

$$s^2_{klass} = 0{,}2 \cdot (475 - 550)^2 + 0{,}4 \cdot (525 - 550)^2 + 0{,}1 \cdot (575 - 550)^2 + 0{,}3 \cdot (625 - 550)^2 = 3125$$

Besondere Eigenschaften der Empirischen Varianz

Die empirische Varianz hat drei besondere Eigenschaften. Es gilt:

1. **Transformationseigenschaft:**
   Wenn die Daten um einen konstanten Wert c verschoben werden, ändert sich die Varianz nicht. Werden die Daten mit einem Faktor f multipliziert, so wird die Varianz mit f^2 multipliziert.
2. **Verschiebungssatz:** $s^2 = \overline{x^2} - \overline{x}^2$
3. **Streuungszerlegung:**
   Damit sich die Streuungszerlegung durchführen lässt, müssen folgende Bedingungen erfüllt sein:
   - Beobachtungen eines Merkmals in l verschiedenen Gruppen.
   - Umfang in den jeweiligen l Gruppen n_j, $j \in \{1, \ldots, l\}$. Die empirische Varianz aller $n = \sum_{j=1}^{l} n_j$ Beobachtungen kann dann mit Hilfe der Streuungszerlegung bestimmt werden.
   - Für die Beobachtungen gilt dabei $(x_{ij})_{i=1,\ldots,n_j; j=1,\ldots,l}$

$$s^2 = \underbrace{\sum_{j=1}^{l} \frac{n_j}{n} s_j^2}_{\substack{\text{Mittel der Gruppenvarianz} \\ \text{innerhalb der Gruppe}}} + \underbrace{\sum_{j=1}^{l} \frac{n_j}{n} (\overline{x}_j - \overline{x})^2}_{\substack{\text{Mittel der Varianzen} \\ \text{zwischen den Gruppen}}}$$

mit

- $\overline{x}_j = \frac{1}{n_j} \sum_{i=1}^{n_j} x_{ij}$ als arithmetisches Mittel der $j - ten$ Gruppe
- $s_j^2 = \frac{1}{n_j} \sum_{i=1}^{n_j} (x_{ij} - \overline{x}_j)^2$ als Stichprobenvarianz der $j - ten$ Gruppe
- $\overline{x} = \frac{1}{n} \sum_{j=1}^{l} \sum_{i=1}^{n} x_{ij}$ als Gesamtmittel aller Beobachtungen

4.3 Empirische Standardabweichung

Die Quadratwurzel aus der Varianz wird als Standardabweichung bezeichnet.

> Die **Empirische Standardabweichung** s wird berechnet:
>
> $$s = \sqrt{s^2}$$

Die Empirische Standardabweichung...

- hat dabei die gleiche Dimension wie die vorliegenden Messwerte.
- ist zudem weniger empfindlich gegenüber Ausreißern als die empirische Varianz.
- kann im Gegensatz zur empirischen Varianz interpretiert werden.

Beispiel - Fortführung

Wir führen unser oben bereits durchgeführtes Beispiel, in welchem wir die Empirische Varianz ausgerechnet haben, nun weiter fort:

- unklassierte Daten: $s = \sqrt{15.512,84} \approx 124,55$
- klassierte Daten: $s = \sqrt{3.125} \approx 55,90$

4.4 Variationskoeffizient

Als Variationskoeffizienten VK wird der Quotient aus der Standardabweichung s und dem arithmetischen Mittel $\overline{x}$ bezeichnet.

> Der **Variationskoeffizient** VK
>
> $$VK = \frac{s}{\overline{x}}, \quad \text{mit } \overline{x} \geq 0$$

Der Variationskoeffizient...

- wird häufig in Prozent angegeben.

- berücksichtigt die Streuung, welche relativ zum Niveau der Merkmalswerte ist.
- ist immer dimensionslos.
- eignet sich gut, wenn verschiedene Messreihen miteinander verglichen werden.

Der **Variationskoeffizient** VK_{klass} **für Klassen** kann berechnet werden mit:

$$VK_{klass} = \frac{s_{klass}}{\overline{x}_{klass}}$$

Beispiel

Nun müssen wir noch den Variationskoeffizient berechnen. Da wir bereits einige Vorberechnungen durchgeführt haben, geht die Berechnung an dieser Stelle sowohl für die klassierten als auch unklassierten Daten schnell.

unklassierte Daten:

$\overline{x} = 400{,}3125$

$s = \sqrt{15.515{,}84} \approx 124{,}55$

$VK = \frac{124{,}55}{400{,}3125} \approx 0{,}3111$

klassierte Daten:

$\overline{x} = 550$

$s = \sqrt{3.125} \approx 55{,}90$

$VK = \frac{55{,}9}{550} \approx 0{,}1016$

4.5 Mittlere Abweichung

Wir können die mittlere Abweichung unserer Daten von verschiedenen Maßen berechnen. Dabei erfolgt die Bestimmung der mittleren Abweichung fast immer nach ähnlichem Prinzip.

4.5.1 Mittlere absolute Abweichung

Wir bezeichnen die durchschnittliche absolute Differenz zwischen der Merkmalswerte und dem Mittelwert als mittlere absolute Abweichung.

Die **mittlere absolute Abweichung** *MAA* berechnet sich bei

- kardinalen Daten über:

$$MAA = \frac{1}{n}\sum_{i=1}^{n} |x_i - \overline{x}|$$

- klassierten Daten über:

$$MAA_{klass} = \frac{1}{n}\sum_{i=1}^{n} |x_i - \overline{x}| \cdot h(a_j) = \sum_{i=1}^{n} |x_i - \overline{x}| \cdot f(a_j)$$

4.5.2 Mittlere absolute Abweichung vom Median

Liegt eine Stichprobe mit $x_1, \ldots, x_n$ metrischen Merkmalen vor, so berechnet sich die **mittlere absolute Abweichung vom Median** d über

$$d = \frac{1}{n} \sum_{i=1}^{n} |x_i - \tilde{x}_{0,5}|$$

Mittlere lineare Abweichung vom Median

Liegt eine diskrete Häufigkeitsverteilung vor, werden die Häufigkeitsverteilungen $f(a_1), \ldots, f(a_l)$ benötigt. Für den benötigten Median gilt dabei, dass $\tilde{x}_{0,5} = a_j$ die Merkmalsausprägung ist, für welche gilt:

$$\sum_{i=1}^{j-1} f(a_j) < 0{,}5 \text{ und } \sum_{i=1}^{j} f(a_j) \geq 0{,}5$$

Liegen stetige klassierte Daten vor, so müssen zuerst die Klassenmitten zur Berechnung bestimmt werden. Die Berechnung der Klassenmitten kann mit Hilfe von

$$a_j = \bar{a}_j = \frac{k_j + k_{j-1}}{2}$$

erfolgen. $\tilde{x}_{0,5}$ kann im Anschluss durch die lineare interpolierte empirische Verteilungsfunktion $\tilde{F}_n$ bestimmt werden, wobei für den Median gilt: $\tilde{F}_n^{-1}(0{,}5) = \tilde{x}_{0,5}$

Sowohl bei Vorliegen einer diskreten Häufigkeitsverteilung als bei stetigen klassierten Daten lässt sich die **mittlere Abweichung vom Median** d mit

$$d = \sum_{j=1}^{l} f(a_j)\,|a_j - \tilde{x}_{0,5}|$$

approximieren. Für die mittlere mediane Abweichung gilt:

$$\tilde{x}_{0,5} = k_{j-1} + \frac{0{,}5 - F_n(k_{j-1})}{f(a_j)} \cdot (k_j - k_{j-1})$$

wobei j diejenige Klasse ist, für welche gilt: $F_n(k_{j-1}) < 0{,}5$ und $F_n(k_j) \geq 0{,}5$.

4.6 Boxplot

4.6.1 Einfacher Boxplot

Der Boxplot als grafische Darstellungsform wird dann gewählt, wenn wichtige Lagemaße von Häufigkeitsverteilungen übersichtlich grafisch darstellen werden sollen.

- Der einfache Boxplot enthält eine Box.
- Die Box ist nach oben durch das obere Quartil $\tilde{x}_{0,75}$ begrenzt.
- Nach unten ist die Box durch das untere Quartil $\tilde{x}_{0,25}$ begrenzt.
- Die Linie innerhalb der Box spiegelt mit $\tilde{x}_{0,5}$ den Median der Beobachtungen wider.

- Die Box wird durch die Whiskers oder Schnurrbarthaare erweitert. Sie stellen die Verbindungslinie vom oberen bzw. unteren Quartil zu den Extremwerten, d. h. dem größten und kleinsten Wert dar.

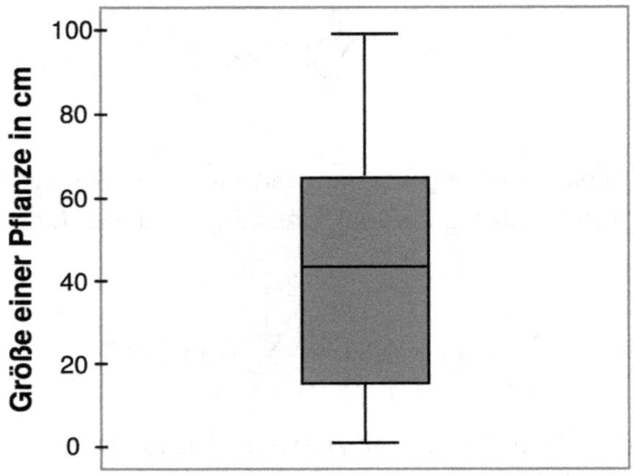

Zum Erstellen eines **einfachen Boxplot** gehen wir nach dem folgenden Prinzip vor:

1. Ordnen der in der Stichprobe vorliegenden Beobachtungen $x_1, \ldots, x_n$, sodass $x_{(1)}, \ldots, x_{(n)}$ der Größe nach geordnet vorliegen.
2. Berechnung des Medians $\tilde{x}_{0,5}$, des unteren Quartils $\tilde{x}_{0,25}$ und des oberen Quartils $\tilde{x}_{0,75}$.
3. Bestimmen der Extremwerte.
4. Zeichnen des Boxplots.

Beispiel

Wir möchten die Gewichtsverteilung in Kilogramm von 15 zufällig ausgewählten Kindern aus der ersten Klasse in einem Boxplot darstellen. Gewicht der Kinder in kg:

15,50 ; 19,30 ; 22,90 ; 17,80 ; 18,70 ; 27,40 ; 19,90 ; 24,30 ; 22,60 ; 18,90 ; 29,70 ; 17,90 ; 22,30 ; 18,40 ; 23,60

1. Sortieren der Beobachtungen:

   15,50 ; 17,80 ; 17,90 ; 18,40 ; 18,70 ; 18,90 ; 19,30 ; 19,90 ; 22,30 ; 22,60 ; 22,90 ; 23,60 ; 24,30 ; 31,70 ; 40,00

2. Berechnen von $\tilde{x}_{0,5}$, $\tilde{x}_{0,25}$ und $\tilde{x}_{0,75}$;

   - $\tilde{x}_{0,5} = x_{(7,5)} = x_{(8)} = 19{,}90$
   - $\tilde{x}_{0,25} = x_{(3,75)} = x_{(4)} = 18{,}40$
   - $\tilde{x}_{0,75} = x_{(11,25)} = x_{(12)} = 23{,}60$

3. Bestimmen von $x_{\max} = 40{,}00$, sowie $x_{\min} = 15{,}50$.
4. Zeichnen des Boxplots.

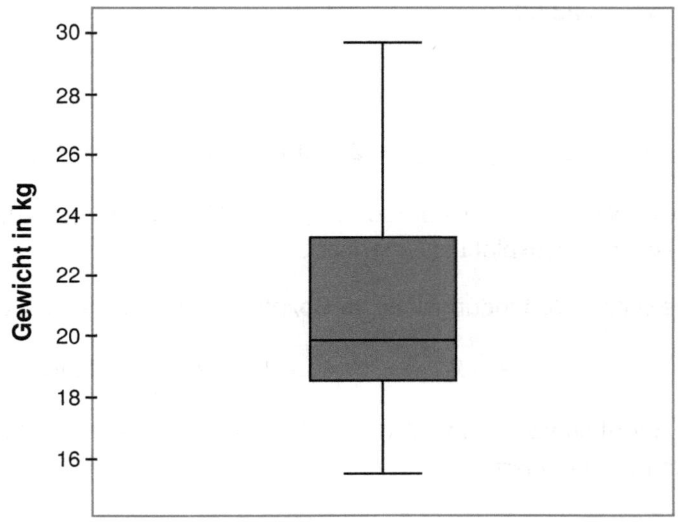

In der Box liegen die „mittleren" 50% der geordneten Beobachtungen. Begrenzt wird die Box nach unten durch die kleinste bzw. nach oben durch die größte Beobachtung.

4.6.2 Verfeinerter Boxplot

Alternativ zum einfachen Boxplot kann auch ein verfeinerter Boxplot erstellt werden.

Für den verfeinerten Boxplot werden $\tilde{x}_{0,5}$, $\tilde{x}_{0,25}$ und $\tilde{x}_{0,75}$ genauso verwendet, wie für den einfachen Boxplot. Die Verbindungslinien werden jedoch nicht mehr bis zum kleinsten bzw. größten Wert gezogen, sondern...

- für die obere Begrenzung bis zu dem Wert, welcher nicht größer ist als

$$c_u = \tilde{x}_{0,75} + 1,5 \cdot (\tilde{x}_{0,75} - \tilde{x}_{0,25})$$

- für die untere Begrenzung bis zu dem Wert, welcher nicht größer ist als

$$c_l = \tilde{x}_{0,25} - 1,5 \cdot (\tilde{x}_{0,75} - \tilde{x}_{0,25})$$

- dabei ist $x_{0,75} - x_{0,25}$ der Interquartilsabstand.
- Für alle anderen Beobachtungswerte, die nicht mehr innerhalb von c_u und c_l liegen, gilt, dass diese mit einem * in der grafischen Darstellung gekennzeichnet werden.

Boxplot erstellen

Beispiel

Aus den eben aufgenommen Gewichten von 15 Kindern in der ersten Klasse in kg müssen wir für den verfeinerten Boxplot zusätzlich die folgende Werte berechnen. Bereits bekannt:

- $\tilde{x}_{0,5} = x_{(7,5)} = x_{(8)} = 19,90$
- $\tilde{x}_{0,25} = x_{(3,75)} = x_{(4)} = 18,40$

- $\tilde{x}_{0,75} = x_{(11,25)} = x_{(12)} = 23{,}60$

Nun berechnen wir:

$$c_u = \tilde{x}_{0,75} + 1{,}5 \cdot (\tilde{x}_{0,75} - \tilde{x}_{0,25}) = 23{,}60 + 1{,}5 \cdot (23{,}60 - 18{,}40) = 31{,}4$$

Da die beiden höchsten Werte der Stichprobe mit $x_{(14)} = 31{,}4$ und $x_{(15)} = 40{,}00$ oberhalb dieses Wertes liegen, werden sie im Boxplot mit * markiert.

Für den Wert, der die untere Verbindungslinie im Boxplot darstellt, lässt sich analog berechnen:

$$c_l = \tilde{x}_{0,25} - 1{,}5 \cdot (\tilde{x}_{0,75} - \tilde{x}_{0,25}) = 18{,}40 - 1{,}5 \cdot (23{,}60 - 18{,}40) = 10{,}60$$

Da der kleinste Wert der Stichprobe nun mit $x_{min} = 15{,}50$ nicht kleiner als 10,60 ist, wird im Boxplot nach unten hin nichts mit * markiert.

Weitere Markierungen

Soll der Boxplot noch weiter verfeinert werden, bzw. besonders starke Ausreißer markiert werden, so lassen sich alle Ausreißer, die außerhalb der mit * markierten Grenzen liegen, mit ○ markieren. Die Berechnung erfolgt wie vorher, nur dass mit dem 3-fachen anstatt dem 1,5-fachen Interquartilsabstand gerechnet wird.

- **untere Grenze**:

  $$c_{ol} = \tilde{x}_{0,25} - 3 \cdot (\tilde{x}_{0,75} - \tilde{x}_{0,25})$$

  Berechnung mit den Gewichten der 15 Kinder:

  $$18{,}4 - 3 \cdot (23{,}6 - 18{,}40) = 2{,}8$$

  Da es in der Stichprobe keinen Wert kleiner als 2,8 gibt, erscheinen im Boxplot keine ○. Es gab auch schon bei der nicht so starken Grenze c_u keine Ausreißer, daher hätten wir uns diese Rechnung sparen können. Bei der oberen Grenze gab es zwei Ausreißer, daher können wir dort berechnen, ob einer oder beide Werte über der stärkeren Grenze liegen.

- **obere Grenze**:

  $$c_{ou} = \tilde{x}_{0,75} + 3 \cdot (\tilde{x}_{0,75} - \tilde{x}_{0,25})$$

  Berechnung mit den Gewichten der 15 Kinder: $23{,}6 + 3 \cdot (23{,}6 - 18{,}40) = 39{,}20$

  Der größte Wert $x_{(15)} = 40{,}0$ ist größer als 39,20, sodass im Boxplot dieser mit ○ gekennzeichnet werden kann.

4.7 Aufgaben

A-4.1 Wir haben 20 zufällig ausgewählte Studenten bzgl. ihrer Körpergröße befragt. Diese haben wir nachfolgend der Größe nach geordnet aufgelistet. Die Angaben sind dabei in cm gemacht worden.

153 156 157 157 158 164 165 172 172 172 173 176 177 184 184 185 187 192 192 195

a) Berechne die Spannweite.

b) Berechne die empirische Varianz, die Standardabweichung und den Variationskoeffizienten.

c) Berechne die mittlere absolute Abweichung.

A-4.2 80 Personen haben sich einem IQ-Test unterzogen. In der nachfolgenden Tabelle ist die Häufigkeitsverteilung der entsprechenden Ergebnisse dargestellt, wobei die Werte uns nur als klassierte (stetige) Daten vorliegen.

a) Berechne die Spannweite.

b) Berechne die mittlere absolute Abweichung vom Median.

c) Berechne die Standardabweichung.

Klasse	Klassenbreite	$h(a_j)$
1	[60; 70]	3
2	(70; 80]	7
3	(80; 90]	11
4	(90; 100]	16
5	(100; 110]	12
6	(110; 120]	13
7	(120; 130]	12
8	(130; 140]	6

A-4.3 In einer klinischen Studie wurde das Alter von 30 Patienten im Krankenhaus in Tagen nach dem Eingriff gemessen. Das Alter, sowie das Geschlecht der Patienten sind nachfolgend dargestellt:

- Männliche Patienten

  (M;2) (M;5) (M;15) (M;22) (M;41) (M;53) (M;57) (M;64) (M;69) (M;73) (M;75) (M,84) (M;84)

- Weibliche Patienten

  (W,6) (W,6) (W;17) (W;21) (W;22) (W;27) (W;33) (W;36) (W;38) (W;44) (W;48) (W;50) (W;56) (W;63) (W;76) (W;78) (W;88)

a) Berechne die für einen einfachen Boxplot notwendigen Werte getrennt nach Geschlechtern.

b) Zeichne die entsprechenden Boxplots.

Notizen

5 Schiefe und Wölbung

5.1 Schiefe

Die Schiefe beschreibt wie stark und in welche Richtung eine Wahrscheinlichkeitsverteilung asymmetrisch ist. Bei Vorliegen eines metrischen Merkmals lässt sich die Schiefe bestimmen. $g_n(x)$ bildet dabei das Histogramm des Merkmals ab.

5.1.1 Symmetrische / asymmetrische Verteilung

$g_n(x)$ ist **symmetrisch** bzgl. des arithmetischen Mittels $\overline{x}$, falls für alle $c \in \mathbb{R}$ gilt:

$$g_n(\overline{x} - c) = g_n(\overline{x} + c)$$

In allen anderen Fällen liegt eine asymmetrische oder schiefe Verteilung der Daten vor. Dementsprechend also auch ein asymmetrisches Histogramm.

Für das symmetrische Histogramm und die dazugehörigen Daten gilt:

- $\overline{x} = \tilde{x}_{0,5}$
- Bei einer unimodalen Verteilung zusätzlich: $\overline{x} = \tilde{x}_{0,5} = x_{mod}$

Liegt hingegen eine asymmetrische Verteilung der Daten und damit des Histogramms vor, wird im nächsten Schritt zwischen einem rechtsschiefen bzw. linkssteilen oder linksschiefen bzw. rechtssteilen Histogramm unterschieden.

Für das **rechtsschiefe bzw. linkssteile** Histogramm gilt:

$$\overline{x} > \tilde{x}_{0,5}$$

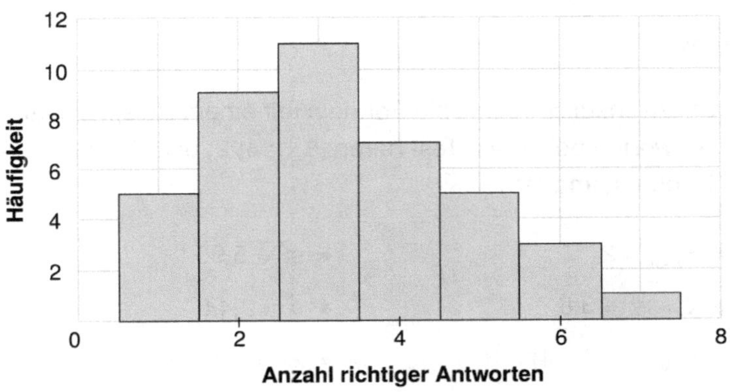

Für das **linksschiefe bzw. rechtssteile** Histogramm gilt:

$$\overline{x} < \tilde{x}_{0,5}$$

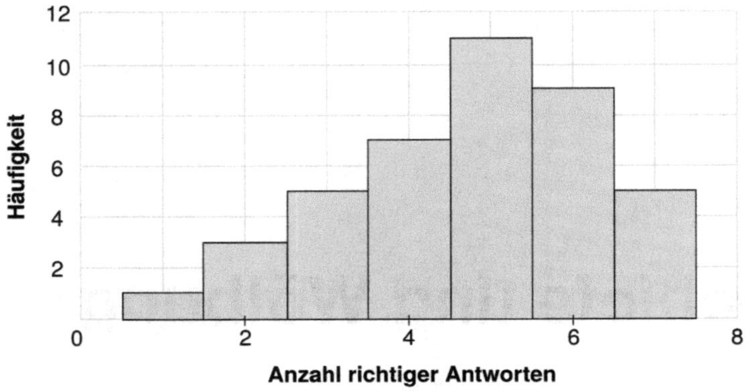

5.1.2 Schiefemaße

Zur Berechnung stehen verschiedene Schiefemaße zur Verfügung.

Wenn eine Stichprobe mit $x_1, \ldots, x_n$ metrischen Merkmalen vorliegt, können wir...

1. die **Schiefe nach Pearson** berechnen: $sk_1 = \dfrac{\overline{x} - x_{mod}}{s}$
2. die **Schiefe nach Yule-Pearson** berechnen. Die Schiefe nach Yule-Pearson wird insbesondere dann eingesetzt, wenn mehrere Modalwerte in der Stichprobe vorhanden sind.
$$sk_2 = \frac{3 \cdot (\overline{x} - \tilde{x}_{0,5})}{s}$$
3. den **Quartilskoeffizient der Schiefe** berechnen:
$$s_{0,25} = \frac{\tilde{x}_{0,75} + \tilde{x}_{0,25} - 2 \cdot \tilde{x}_{0,5}}{\tilde{x}_{0,75} - \tilde{x}_{0,25}}$$
4. Den ***p*-Quantilskoeffizient der Schiefe** für ein $p \in (0, 0{,}5)$:
$$s_p = \frac{\tilde{x}_{1-p} + \tilde{x}_p - 2 \cdot \tilde{x}_{0,5}}{\tilde{x}_{1-p} - \tilde{x}_p}$$

- Ergibt sich nach Berechnung des Schiefemaßes ein positives Ergebnis, so liegt eine rechtsschiefe Verteilung vor.
- Bei einem negativen Ergebnis hingegen eine linksschiefe Verteilung.

Beispiel

Wir veranschaulichen uns die Formeln mit einem Beispiel. Dafür ziehen wir die richtig abgegebenen Antworten bei einem Test heran: 8; 1; 4; 2; 6; 2; 7; 1; 2; 5. Wir berechnen zunächst die Lage- und Streuungsmaße:

- $x_{mod} = 2$
- $\overline{x} = \frac{38}{10} = 3{,}8$
- $\tilde{x}_{0,5} = \frac{1}{2}(2 + 4) = 3$
- $s^2 = 5{,}96$
- $s \approx 2{,}44$
- $\tilde{x}_{0,25} = x_{(3)} = 2$
- $\tilde{x}_{0,75} = x_{(8)} = 6$

Anschließend bestimmen wir die Verteilung: $\overline{x} = \frac{38}{10} = 3{,}8 > \tilde{x}_{0,5} = 3$. Somit liegt eine rechtsschiefe Verteilung vor.

Berechnung der Schiefemaße:

$$sk_1 = \frac{3{,}8-2}{2{,}44} \approx 0{,}74 \qquad sk_2 = \frac{3\cdot(3{,}8-3)}{2{,}44} \approx 0{,}98 \qquad s_{0,25} = \frac{6+2-2\cdot 3}{6-3} = \frac{2}{3}$$

Die positiven Werte bestätigen erneut die rechtsschiefe bzw. linkssteile Verteilung.

5.2 Wölbung

Wölbungsmaße liefern eine Information darüber, wie steil eine Verteilung ist. Um diese zu berechnen, können wir alle höheren, geraden zentralen Momente benutzen.

Wenn eine Stichprobe mit $x_1, \ldots, x_n$ metrischen Merkmalen vorliegt, so lässt sich z. B. das 4. Moment zur Berechnung der **Wölbung** heranziehen.

$$\mu_{\overline{x}}^4 = \frac{1}{n}\sum_{i=1}^{n}(x_i - \overline{x})^4$$

Liegt keine Stichprobe, sondern $f(a_j)$ sowie $\overline{a}_j$ und $\overline{x}$ vor, so lässt sich das Wölbungsmaß mit der folgenden Gleichung berechnen:

$$\mu_{\overline{x}}^4 = \sum_{i=1}^{n} f(a_j)(\overline{a}_j - \overline{x})^4$$

Das Wölbungsmaß hat immer die gleiche Dimension wie die Beobachtungen.

Wir können alternativ dazu auch ein standardisiertes, relatives **Wölbungsmaß nach Fisher** W berechnen:

$$W = \frac{\mu_{\overline{x}}^4}{s^4} - 3$$

- Falls $W > 0$ ist, liegt eine spitze Verteilung vor.
- Falls $W = 0$ ist, liegt eine normale Verteilung vor.
- Falls $W < 0$ ist, liegt eine flache Verteilung vor.

Beispiel

Erneut liegt uns eine Stichprobe der 10 Testergebnisse vor: 8; 1; 4; 2; 6; 2; 7; 1; 2; 5. Zusätzlich zu den Schiefemaßen können wir die Wölbung berechnen:

- $\overline{x} = \frac{38}{10} = 3{,}8$
- $\mu_{\overline{x}}^4 = 59{,}5952$
- $s \approx 2{,}44$
- $s^4 \approx 35{,}45$
- $W = \frac{59{,}5925}{35{,}45} - 3 \approx -1{,}32 < 0$

$\Rightarrow$ Es liegt eine flache Verteilung vor.

5.2.1 Wölbungsmaße für Quartilskoeffizienten

Benötigen wir ein Wölbungsmaß für den Quartilskoeffizienten, so müssen wir auf den p-, q-Quartilskoeffizienten der Wölbung zurückgreifen. Für $0 < p < q < 0{,}5$ gilt:

$$W_{p,q} = 1 - \frac{\tilde{x}_{1-p} - \tilde{x}_p}{\tilde{x}_{1-q} - \tilde{x}_q}$$

Je größer das Wölbungsmaß, desto steiler ist das Histogramm.

5.3 Aufgaben

A-5.1 In einer Produktionsanlage wurden 20 Schranktüren (#) als Zufallsstichprobe aus der Produktionscharge entnommen und auf ihre Länge hin überprüft. Die (absoluten) Abweichungen von der korrekten Länge in mm sind in der nachfolgenden Tabelle dargestellt.

a) Berechne den Schiefekoeffizienten nach Pearson.

b) Handelt es sich um eine rechts- oder linksschiefe Verteilung?

c) Berechne den Quartilskoeffizient der Schiefe.

d) Berechne das standardisierte relative Wölbungsmaß nach Fisher.

#	Abweichung	#	Abweichung
1	3	11	2
2	12	12	13
3	7	13	5
4	8	14	8
5	17	15	4
6	14	16	14
7	12	17	3
8	16	18	10
9	0	19	7
10	14	20	5

A-5.2 In drei Klassenstufen wurde ein Test durchgeführt. Für jede richtige Antwort haben die Teilnehmer einen Punkt erhalten. Die erhaltenen Punkte in klassierter Form liegen nachfolgend für jede Klassenstufe vor.

	[0; 4]	(4; 8]	(8; 12]	(12; 16]	(16; 20]	(20; 24]	(24; 28]
Stufe 11	0	6	12	14	12	6	0
Stufe 12	2	2	10	22	10	2	2
Stufe 13	0	2	20	12	10	4	2

a) Berechne das standardisierte relative Wölbungsmaß nach Fisher für jede Stichprobe.

b) Welche Art der Verteilung liegt in jeder der einzelnen Stichproben vor?

6 Konzentrations- und Ungleichheitsmaße

Konzentrations- und Ungleichheitsmaße werden eingesetzt, wenn z. B. beantwortet werden soll,

- wie sich das in einer Periode erwirtschaftete Gesamt-Einkommen in einer ausgewählten Volkswirtschaft (z. B. der BRD) auf die privaten Haushalte verteilt.
- wie sich Fußballfans verschiedener Mannschaften auf unterschiedliche Fußballvereine verteilen bzw. ob sich möglicherweise sogar sehr viele Fans auf einen Verein festlegen und die wenigen anderen Fans auf viele Vereine.
- ob ein Produkt einer Firma in einem speziellen Marktsegment einen besonders hohen Marktanteil oder vielleicht sogar beherrschenden Marktanteil besitzt.

6.0.1 Extensives / intensives Merkmal

Bei den Maßen für Konzentration und Ungleichheit unterscheiden wir zwischen:

- **extensiven** Merkmalen
  Ein extensives Merkmal liegt vor, wenn sich die Gesamtsumme
  $$\sum_{i=1}^{n} x_i$$
  von Merkmalswerten sinnvoll interpretieren lässt.
- **intensiven** Merkmalen
  Ein intensives Merkmal liegt vor, wenn sich der Durchschnitt
  $$\frac{1}{n}\sum_{i=1}^{n} x_i$$
  sinnvoll interpretieren lässt.

Dabei ist jedes extensive Merkmal auch intensiv, aber ein intensives Merkmal ist nicht automatisch extensiv.

Als Grundlage für die Bestimmung von Konzentrations- und Ungleichheitsmaßen werden die Beobachtungen des zu untersuchenden Merkmals benötigt. Für diese gilt: $x_1, \ldots, x_n \geq 0$.
Zusätzlich muss es sich um ein extensives Merkmal handeln und $\sum_{i=1}^{n} x_i > 0$.

6.0.2 Disparität

Es ist von Interesse, ob die Merkmalswerte **Gleichheit** oder **Ungleichheit** aufweisen. In diesem Zusammenhang wird auch von **Disparität** gesprochen. Wenn...

- **Gleichheit** vorliegt, so gilt: $x_1 = x_2 = \ldots = x_n$. Auf jeden Anteil der Merkmalsträger wird dabei der gleiche Anteil der Merkmalssumme verteilt.
- **Ungleichheit** vorliegt, so sind alle Merkmalsträger unterschiedlich. Auf einen kleinen Teil an Merkmalsträgern entfällt ein großer Teil der Merkmalssumme.

Beispiel

Um uns zu verdeutlichen, wie sich die Disparität in der Praxis darstellt, schauen wir uns nun ein Beispiel an. $x_1, \ldots, x_n$ stellt die jeweilige Staatsschuld der einzelnen n Staaten dar. Dabei entfallen 60% der Gesamtschulden auf 3% der Staaten. Die (absolute) Gesamtanzahl der betrachteten Staaten ist an dieser Stelle nicht von Relevanz. Der Anteil ist also nicht gleich - 60% auf 3%. Es liegt also eine Ungleichheit vor.

6.0.3 Konzentration

Bei der **Konzentration** ist von Interesse, auf wie viele Merkmalsträger (Anzahl n) sich die Merkmalssumme verteilt.

Liegt **Konzentration** vor, so entfällt ein großer Teil der Merkmalssumme auf eine kleine Menge an Merkmalsträgern. Es wird der Anteil der Merkmalssumme mit der Anzahl an Merkmalsträgern verglichen.

Beispiel

Wir betrachten 20 verschiedene Firmen, welche alle im gleichen Markt ihre Produkte anbieten. Wir wollen uns verdeutlichen, wann von hoher oder geringer Konzentration gesprochen wird.

- Es kann von einer hohen Konzentration gesprochen werden, wenn drei Unternehmen zusammen 90% des Gesamtumsatzes ausmachen.
- Sollten hingegen alle 20 Unternehmen jeweils (annähernd) den gleichen Umsatz generieren und damit jedes Unternehmen ca. 5% des Gesamtumsatzes, so liegt eine geringe Konzentration vor.

6.0.4 Betrachtung beider Merkmale

Grundsätzlich lassen sich die zu untersuchenden Merkmale sowohl unter dem Aspekt der **Konzentration** als auch **Disparität** betrachten und entsprechende Maße berechnen.

Beispiel

Für die Merkmalssumme gilt jeweils: $\sum_{i=1}^{n} x_i = 100$

	hohe Konzentration	geringe Konzentration
hohe Disparität	$x_1 = 70; x_2 = x_3 = x_4 = 10$	$x_1 = \ldots = x_{100} = 0{,}7; x_{101} = \ldots = x_{400} = 0{,}1$
geringe Disparität	$x_1 = x_2 = 24; x_3 = x_4 = 26$	$x_1 = \ldots = x_{200} = 0{,}24; x_{201} = \ldots = x_{400} = 0{,}26$

Bei den Maßen für Ungleichheit und Konzentration, die nachfolgend zu betrachten sind, gilt:

- Das Prinzip der Anonymität bleibt erhalten. Das berechnete Maß ist nur von den Beobachtungen abhängig, aber es interessiert nicht, welcher Merkmalsträger welchen Wert annimmt.
- Die Einheit, in welcher ein Merkmal gemessen wird, ist nicht von Relevanz. Es kürzt sich bei der Berechnung heraus.

6.1 Lorenzkurve

Soll die Disparität gegen die Konzentration grafisch dargestellt werden, so wird eine Lorenzkurve genutzt.

Ungruppierte Daten

Dazu werden geordnete Beobachtungen $x_{(1)}, \ldots, x_{(n)} \geq 0$, mit

$$\sum_{i=1}^{n} x_{(i)} > 0$$

benötigt. Unter der Annahme, dass $u_0 = v_0 = 0$ gilt, kann eine Lorenzkurve berechnet und gezeichnet werden. Dabei entspricht entspricht u_i dem Anteil der $\frac{i}{n}$ Beobachtungen und

$$v_i = \frac{\sum_{j=1}^{i} x_{(j)}}{\sum_{j=1}^{n} x_{(j)}}, \text{ mit } i = 1, \ldots, n$$

entspricht dem Anteil, den die bis zum i-ten Wert aufsummierten Merkmalswerte an der Gesamtsumme ausmachen.

Die einzelnen Koordinatenpunkte u_i und v_i werden miteinander verbunden, sodass wir die Lorenzkurve erhalten. Wir schreiben die **Lorenzkurve** dabei als:

$$L\left(\frac{i}{n}\right) = \frac{\sum_{j=1}^{i} x_{(j)}}{\sum_{j=1}^{n} x_{(j)}}$$

Beispiel

Wie die Lorenzkurve berechnet wird, machen wir uns anhand eines Beispiels deutlich. Dafür betrachten wir die erzielten Treffer beim Dosenwerfen von drei Gruppen.

- Gruppe A - Merkmal A: 2,6,8,8,16 - Gesamtsumme:40

- Gruppe B - Merkmal B: 4,4,8,16 - Gesamtsumme: 32

- Gruppe C - Merkmal A: 1,1,4,16 - Gesamtsumme: 22

Als Beispiel berechnen wir den dritten Punkt der Lorenzkurve für die Gruppe A. Wir haben $n = 5$ Beobachtungen (Wert) vorliegen: $u_3 = \frac{3}{5}$ und $v_3 = \frac{2+6+8}{40}$. Auf die gleiche Art lassen sich alle anderen Punkte berechnen. Die Nummer der Beobachtungen kennzeichnen wir mit #.

Koordinatenpaare für Gr. A:

#	Wert	u_i	v_i
1	2	$\frac{1}{5}$	$\frac{2}{40}$
2	6	$\frac{2}{5}$	$\frac{8}{40}$
3	8	$\frac{3}{5}$	$\frac{16}{40}$
4	8	$\frac{4}{5}$	$\frac{24}{40}$
5	16	1	1

Koordinatenpaare für Gr. B:

#	Wert	u_i	v_i
1	4	$\frac{1}{4}$	$\frac{4}{32}$
2	4	$\frac{2}{4}$	$\frac{8}{32}$
3	8	$\frac{3}{4}$	$\frac{16}{32}$
4	16	1	1

Koordinatenpaare für Gr. C:

#	Wert	u_i	v_i
1	1	$\frac{1}{4}$	$\frac{1}{22}$
2	1	$\frac{2}{4}$	$\frac{2}{22}$
3	4	$\frac{3}{4}$	$\frac{6}{22}$
4	16	1	1

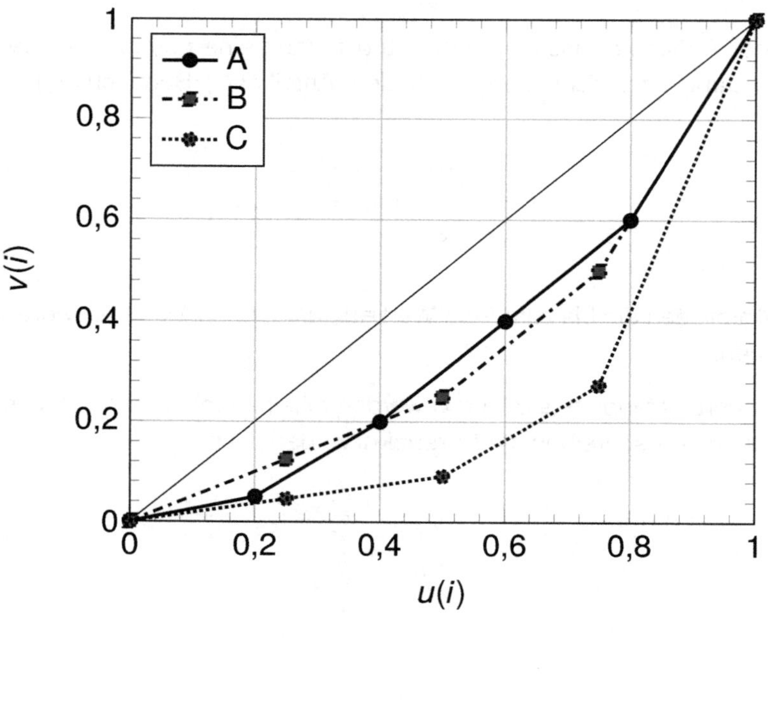

Eigenschaften der Lorenzkurve

- Startet immer im Punkt (0,0) und endet immer im Punkt (1,1). Es gilt: $L_x(0) = 0$ und $L_x(1) = 1$.
- Wenn $u(i) = v(i)$, so liegt eine Gleichverteilung vor. Es liegt also keine Ungleichheit vor, weil alle Beobachtungen gleich sind, d. h. $x_{(1)} = \ldots = x_{(n)}$.
- Die Lorenzkurve ist immer konvex und liegt unter der Winkelhalbierenden.
- Für die Steigungen in den einzelnen Intervallen $\left(\frac{i-1}{n}; \frac{i}{n}\right)$ gilt zudem $\frac{x_i}{\bar{x}}$.
- Wenn zwei Stichproben $x = (x_1, \ldots, x_n)$ und $y = (y_1, \ldots, y_n)$ vorliegen und die Stichprobe x eine gleichmäßig geringere Disparität aufweist, als die Stichprobe y, so liegt die Lorenzkurve L_x unterhalb von L_y.
- Nur selten liegen geordnete Lorenzkurven vor, sodass sich 2 oder mehr Lorenzkurven häufig schneiden.

Klassierte Daten

Auch aus klassierten Daten kann eine Lorenzkurve erstellt werden. Dabei unterscheiden wir jedoch zwischen zwei Fällen.

Fall 1: Beobachtungssummen bekannt
Sind die Beobachtungssummen in den einzelnen Klassen bekannt, so ist der Klassenrepräsentant a_j^*, als die Summe der Beobachtungen in der Klasse j definiert. Die Lorenzkurve wird dabei durch die Stützpunkte $(0,0), (u_1, v_1), \ldots, (u_l, v_l)$ gezeichnet, wobei für die Punkte gilt:

$$u_j = \sum_{i=1}^{j} f(a_i) \quad \text{und} \quad v_j = \frac{\sum_{i=1}^{j} a_i^*}{\sum_{i=1}^{l} a_i^*}$$

Fall 2: Beobachtungssummen unbekannt Ist die Beobachtungssumme der Klassen nicht bekannt, so wird a_j^* approximiert:

$$a_j^* = h(a_j) \cdot \frac{k_{j-1} + k_j}{2}$$

Im Anschluss wird dann wie in Fall 1 weiter vorgegangen.

Beispiel

Wenn die Beobachtungssummen unbekannt sind, müssen wir diese, wie in diesem Beispiel, zuerst berechnen. Erst dann können wir u_i und v_i bestimmen und damit die Lorenzkurve zeichnen.

Einkommen	Anzahl Studenten	Gesamteinkommen der Klasse	$u_{(i)}$	$v_{(i)}$
[0;400]	2.500	837.500	0,5	$\approx 0{,}27$
(400;600]	1.500	892.500	0,8	$\approx 0{,}56$
(600;1000]	750	682.500	0,95	$\approx 0{,}78$
(1000;3500]	250	687.500	1	1
Gesamt	**5.000**	**3.100.000**		

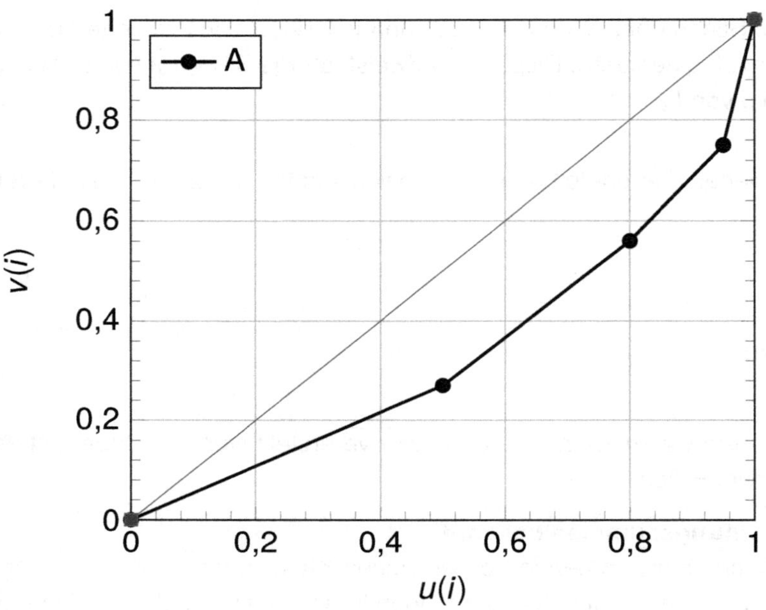

6.2 Gini-Koeffizient

Zusätzlich zur Lorenzkurve mit den Stützpunkten $(0,0), (u_1, v_1), \dots, (u_l, v_l)$ lässt sich der Gini-Koeffizient oder Gini-Index berechnen.

Der **Gini-Koeffizient** G ist ein Maß für die Disparität und definiert als:

$$G = \frac{n + 1 - 2 \cdot \sum_{i=1}^{n} v_i}{n} = 1 - \frac{2 \cdot \sum_{i=1}^{n} v_i - 1}{n}$$

$$= \frac{\text{Flächeninhalt zwischen Lorenzkurve und Winkelhalbierender}}{\text{Flächeninhalt zwischen Winkelhalbierender und } x\text{-Achse}}$$

bzw. alternativ:

$$G = \frac{\text{Flächeninhalt zwischen Lorenzkurve und Winkelhalbierender}}{0{,}5}$$

Eigenschaften des Gini-Koeffizienten

- Es gilt: $0 \leq G \leq \frac{n-1}{n} < 1$.
- Keine Disparität, wenn $G = 0$ ist. Dann entspricht die Lorenzkurve genau der Winkelhalbierenden.
- Totale Disparität, wenn $G = \frac{n-1}{n}$. Die Ausprägung des Merkmals liegt bei allen Merkmalsträgern bei 0.
- Wenn $y_i = a \cdot x_i$, d. h. wenn alle Beobachtungen mit einem Faktor $a > 0$ multipliziert werden, ergibt sich für den Gini-Koeffizienten $G_y = G_x$.

Beispiel

Um die Berechnung des Gini-Koeffizienten durchzuführen, nutzen wir die Ergebnisse aus der Berechnung der Lorenzkurven für die Treffer beim Dosenwerfen. Für die Gruppen A, B und C ergeben sich dann die Gini-Koeffizienten durch Einsetzen in die Formel:

- $G_A = \frac{5+1-2\cdot\left(\frac{2}{40}+\frac{8}{40}+\frac{16}{40}+\frac{24}{40}+1\right)}{5} = 0{,}3$
- $G_B = \frac{4+1-2\cdot\left(\frac{4}{32}+\frac{8}{32}+\frac{16}{32}+1\right)}{4} = 0{,}3125$
- $G_C = \frac{4+1-2\cdot\left(\frac{1}{22}+\frac{2}{22}+\frac{6}{22}+1\right)}{4} \approx 0{,}55$

Neben der Berechnung des Gini-Koeffizienten ist es wichtig zu wissen, welche Eigenschaften dieser hat. Liegen klassierte Daten vor, so nutzen wir die im Vorfeld bereits bei der Lorenzkurve berechneten Stützpunkte. Es gilt:

$$G = \sum_{i=1}^{l} (u_i + u_{i-1})(v_i - v_{i-1}) - 1$$

Dabei sind (u_i, v_i), $i = 0, \ldots, l$ die von uns zuvor berechneten Stützpunkte der Lorenzkurve.

Beispiel

Uns liegen die Klassengrenzen (Klassen), die Anzahl der Mitarbeiter (MA) und das Gesamteinkommen (Einkommen) in den einzelnen Klassen in tabellarischer Form vor. Damit lässt sich der Gini-Koeffizient für klassierte Daten wie im folgenden Beispiel berechnen.

Klassen	**MA**	**Einkommen**	u_i	v_i	$(u_i + u_{i-1})(v_i - v_{i-1})$
[1.000;1.500]	12	15.924	$\approx 0{,}2727$	$\approx 0{,}1328$	$\approx 0{,}0362$
(1500;2500]	18	31.212	0,6818	$\approx 0{,}3931$	$\approx 0{,}2485$
(2.500;4000]	6	19.512	0,08182	$\approx 0{,}5558$	$\approx 0{,}2441$
(4.000;7.500]	8	53.272	1	1	$\approx 0{,}8076$

Daraus folgt: $G = 0{,}0362 + 0{,}2485 + 0{,}2441 + 0{,}8076 - 1 = 0{,}3364$

Normierter Gini-Koeffizient

Wir können auch mit dem **normierten Gini-Koeffizienten:**

$$G^* = \frac{n}{n-1} \cdot G$$

rechnen. Für den normierten Gini-Koeffizienten gilt: $0 \leq G^* \leq 1$.

- Der normierte Gini-Koeffizient hat den Nachteil gegenüber dem regulären Gini-Koeffizienten, dass G^* nicht der Lorenzkurvenordnung entspricht, d. h. es existiert mindestens ein x, y mit $L_x \leq L_y$, aber $G^*_x < G^*_y$.

- Es gilt zudem:

$$G = \frac{1}{2\overline{x}} \frac{1}{n^2} \sum_{i=1}^{n} \sum_{j=1}^{n} |x_i - x_j|$$

Somit ist der Gini-Koeffizient, mit Ausnahme von dem Faktor $\frac{1}{2}$, ein Quotient aus dem Streuungsmaß $\frac{1}{n^2} \sum_{i=1}^{n} \sum_{j=1}^{n} |x_i - x_j|$ und dem Lagemaß $\overline{x}$. Dementsprechend handelt es sich beim Gini-Koeffizienten um ein relatives Streuungsmaß.

6.3 Aufgaben

A-6.1 In einem Krankenhaus wurden insgesamt 1200 Ärzte nach ihrem Monats-Gehalt gefragt. Die klassierte Verteilung der Gehälter sowie das Gesamteinkommen ist in der nachfolgenden Tabelle dargestellt.

Einkommen	Anzahl Ärzte	Gesamteinkommen der Klasse in Euro
[2.500-3.800]	650	2.128.750
(3.800-5.000]	150	680.250
(5.000-7.000]	290	1.921.250
(7.000-15.000]	110	1.140.700

a) Berechne die Koordinaten für die Lorenzkurve. Runde, wenn nötig auf 2 Nachkommastellen.

b) Zeichne die Lorenzkurve.

c) Bestimme den Gini-Koeffizienten.

A-6.2 4 Tiere wurden beobachtet, wie oft sie einen Eimer, unter welchem ein Leckerli versteckt war, innerhalb von 3 Minuten umgeworfen haben.

a) Berechne die Koordinaten für die Lorenzkurve.

b) Zeichne die Lorenzkurve.

c) Berechne den Gini-Koeffizienten.

Beobachtung Nr.	Beobachtungswert
1	8
2	3
3	2
4	7

A-6.3 60 Studenten wurden befragt, wie viele Kilometer die Uni, die sie zur Zeit besuchen, von ihrem Heimatort entfernt ist.

a) Berechne die Koordinaten für die Lorenzkurve. Runde auf 2 Nachkommastellen.

b) Zeichne die Lorenzkurve.

c) Berechne den Gini-Koeffizienten.

Klassengrenzen	Beobachtungswert
[0;20]	25
(20;50]	17
(50;100]	13
(100;250)	5

Notizen

7 Zusammenhangsmaße

In der Regel haben wir bisher Beobachtungen eines Merkmals mit Hilfe von Grafiken, Häufigkeiten oder verschiedenen Maßzahlen analysiert. Beispiele sind dafür das Alter, das Geschlecht oder das Einkommen von Studierenden.

Um die „Stärke des Zusammenhangs" und evtl. die Richtung des Zusammenhangs von zwei Merkmalen in einer Maßzahl auszudrücken, fehlt es aber bisher noch an Möglichkeiten der Berechnung. In Abhängigkeit davon, welche Daten vorliegen, stehen uns dafür verschiedene Maße zur Verfügung:

- **Assoziationsmaße** - Vorliegen von **nominalen Merkmalen**
- **Rangkorrelationskoeffizienten** - Vorliegen von **ordinalen Merkmalen**
- **Korrelationskoeffizienten** - Vorliegen von **metrischen Merkmalen**

7.1 Kontingenztafel

7.1.1 Gemeinsame Häufigkeit

Wenn zwei Merkmale X und Y mit den Merkmalsausprägungen $x_1, \dots, x_k$ und $y_1, \dots, y_l$ gemeinsam beobachtet werden, d.h. an den identischen Merkmalsträgern, dann kann deren Häufigkeit gemeinsam erfasst werden.

absolute Häufigkeit: $h(x_i, y_j) = n_{ij}$

relative Häufigkeit: $f(x_i, y_j) = \frac{1}{n} \cdot n_{ij} = f_{ij}$

7.1.2 Kontingenztafel

Eine Tabelle, in der die absoluten oder relativen Häufigkeiten zweier auftretender Merkmale gemeinsam erfasst sind, wird als **Kontingenztafel** oder Kreuztabelle bezeichnet. Dabei werden die Ausprägungen der Merkmale in die Spalten und Zeilen eingetragen und im jeweiligen Schnittpunkt deren gemeinsame relative oder absolute Anzahl, z. B. Anzahl der Studenten, die Mathematik studieren UND einen grünen Pullover tragen.

Anhand der Anzahl der Zeilen k und Spalten l ist die Tafel als **($k \times l$)-Kontingenztafel** bezeichnet. Eine (2 × 2)-Tafel wird auch **Vierfeldertafel** genannt. Wenn X und Y die gleiche Anzahl an Merkmalsausprägungen haben, sprich $k = l$, dann sprechen wir von einer quadratischen Kontingenztafel.

Ergänzt werden die Zeilen und Spalten durch die jeweiligen Randsummen:

Zeilensumme: $n_{i\bullet} = \sum_{j=1}^{l} n_{ij}$

Spaltensumme: $n_{\bullet j} = \sum_{i=1}^{k} n_{ij}$

		Merkmal Y				Zeilensumme
		y_1	y_2	$\cdots$	y_l	$\sum$
Merkmal X	x_1	n_{11}	n_{12}	$\cdots$	n_{1l}	$n_{1\bullet}$
	x_2	n_{21}	n_{22}	$\cdots$	n_{2l}	$n_{2\bullet}$
	$\vdots$	$\vdots$	$\vdots$	$\ddots$	$\vdots$	$\vdots$
	x_k	n_{k1}	n_{k2}	$\cdots$	n_{kl}	$n_{k\bullet}$
Spaltensumme	$\sum$	$n_{\bullet 1}$	$n_{\bullet 2}$	$\cdots$	$n_{\bullet l}$	$n_{\bullet\bullet} = n$

Es gilt:

- für die absoluten Häufigkeiten: $\sum_{i=1}^{k}\sum_{j=1}^{l} n_{ij} = n$
- Summenkontrolle der Spaltensummen: $\sum_{j=1}^{l} n_{\bullet j} = n$
- Summenkontrolle der Zeilensummen: $\sum_{i=1}^{k} n_{i\bullet} = n$

Beispiel

Damit wir uns die Rechenschritte vor Augen führen können, betrachten wir ein Beispiel. In einer Supermarktkette wird eine neue Sorte Schokolade eingeführt. Von den Personen, die die neue Schokolade kaufen, werden zufällig 200 Personen ausgewählt und bzgl. der Merkmale x_1 (Verpackungsgröße in Gramm) und x_2 (helle oder dunkle Schokolade) befragt.

$$x_1 = \begin{cases} A: & 50\text{ g} \\ B: & 100\text{ g} \\ C: & 200\text{ g} \end{cases} \qquad x_2 = \begin{cases} \text{hell} \\ \text{dunkel} \end{cases}$$

Ergebnis der Befragung bzgl. Merkmal x_1

x_1	$h(x_1)$	$f(x_1)$
A	60	0,3
B	60	0,3
C	80	0,4

Ergebnis der Befragung bzgl. Merkmal x_2

x_2	$h(x_2)$	$f(x_2)$
hell	80	0,4
dunkel	120	0,6

Darstellung in einer zweidimensionalen Häufigkeitstabelle

	A	B	C	$\sum$
hell	20	10	50	80
dunkel	40	50	30	120
$\sum$	60	60	80	200

7.1.3 Randverteilung

Die Randverteilung von X gibt die Verteilung für Merkmal X an. Dabei interessiert uns nicht, welche Ausprägung das Merkmal Y dabei annimmt, z. B. wie teilt sich die Gruppe der Studenten in die Fächer auf. Also wie viele Studenten studieren Mathematik.

Genau andersherum gilt das Gleiche für die Randverteilung von Y, welche die einzelnen Wahrscheinlichkeiten für die verschiedenen Ausprägungen y_i angibt. Auch dabei ist es nicht von Interesse, welchen Wert X dabei angenommen hat, z. B. wie viele Studenten grüne Pullover tragen.

In der Kontingenztabelle entspricht dies den Zeilen- bzw. Spaltensummen.

		Merkmal Y				**Zeilensumme**	
		y_1	y_2	$\cdots$	y_l	$\sum$	
	x_1	f_{11}	f_{12}	$\cdots$	f_{1l}	$f_{1\bullet}$	
Merkmal X	x_2	f_{21}	f_{22}	$\cdots$	f_{2l}	$f_{2\bullet}$	Randverteilung von X
	$\vdots$	$\vdots$	$\vdots$	$\ddots$	$\vdots$	$\vdots$	
	x_k	f_{k1}	f_{k2}	$\cdots$	f_{kl}	$f_{k\bullet}$	
Spaltensumme	$\sum$	$f_{\bullet 1}$	$f_{\bullet 2}$	$\cdots$	$f_{\bullet l}$	1	
		Randverteilung von Y					

Es gilt für die relativen Häufigkeiten: $\sum_{i=1}^{k}\sum_{j=1}^{l} f_{ij} = 1$

7.1.4 Bedingte Häufigkeitsverteilung

Die bedingte Häufigkeitsverteilung beschreibt die Anteile von Merkmal X, wenn Merkmal Y bereits eine Ausprägung angenommen hat, z. B. wenn wir wissen, dass jemand Mathematik studiert und wie viele von diesen grüne Pullover tragen. Oder andersherum: Wie viel Prozent der Studenten, die einen grünen Pullover tragen, studieren Mathematik?

Unter der Bedingung, dass ein Merkmal Y eine bestimmte Ausprägung y_i angenommen hat, kann die **bedingte Häufigkeitsverteilung** von X berechnet werden. Für die Berechnung gilt dabei, dass $n_{\bullet j} > 0$ ist:

$$f_{X=x_i|Y=y_i} = \frac{n_{ij}}{n_{\bullet j}} = \frac{f_{ij}}{f_{\bullet j}}, \quad i \in \{1, \ldots, k\}$$

Zusätzlich dazu gilt für die bedingte Häufigkeitsverteilung:

$$\sum_{i=1}^{k} f_{X=x_i|Y=y_j} = 1, \quad i \in \{1, ..., k\}, j \in \{1, ..., l\}$$

Nach analogem Prinzip kann die bedingte Häufigkeit von $Y = y_j$ unter der Bedingung $X = x_i$ berechnet werden.

$$f_{Y=y_j|X=x_i} = \frac{n_{ij}}{n_{i\bullet}} = \frac{f_{ij}}{f_{i\bullet}}, \quad n_{i\bullet} > 0$$

Für die bedingte Häufigkeit, gilt dabei: $\sum_{j=1}^{l} f_{Y=y_j|X=x_i} = 1$.

7.1.5 Empirische Unabhängigkeit

Wenn sich die Frage stellt, ob sich die Farbe des Pullovers und die Studienrichtung gegenseitig beeinflussen oder nicht, dann wollen wir wissen, ob die beiden Verteilungen voneinander unabhängig sind.

Wenn für Merkmal X und Merkmal Y die **empirische Unabhängigkeit** vorliegt, dann gilt im...

absoluten Fall: $n_{ij} = \frac{n_{i\bullet} \cdot n_{\bullet j}}{n}$

relativen Fall: $f_{ij} = f_{i\bullet} \cdot f_{\bullet j}$

Wenn für X gezeigt werden konnte, dass empirische Unabhängigkeit von Y vorliegt, so gilt diese auch für Y von X.

7.2 Nominale Merkmale - Assoziationsmaße

Mit einem Assoziationsmaß für Kontingenztafeln wird die Stärke des Zusammenhangs zweier Merkmale berechnet. Zwei Bedingungen sollen dabei erfüllt werden:

1. Bei **vollständiger Unabhängigkeit** der Merkmale wird das berechnete Maß den **Wert 0** annehmen.
2. Bei **vollständiger Abhängigkeit** der Merkmalen wird das berechnete Maß den **Wert 1** annehmen.

Vollständige Abhängigkeit lässt sich nur in quadratischen Kontingenztafeln erreichen.

Quadratische Kontingenz

Die **quadratische Kontingenz** χ^2 lässt sich durch

$$\chi^2 = \sum_{i=1}^{k}\sum_{j=1}^{l} \frac{(n_{ij} - m_{ij})^2}{m_{ij}} \quad \text{mit } m_{ij} = \frac{n_{i\bullet} \cdot n_{\bullet j}}{n} \quad i \in \{1, \dots, k\}, j \in \{1, \dots, l\}$$

berechnen. Für die Vierfeldertafel ($k = l = 2$) gilt:

$$\chi^2 = n \cdot \frac{(n_{11} \cdot n_{22} - n_{12} \cdot n_{21})^2}{n_{1\bullet} \cdot n_{2\bullet} \cdot n_{\bullet 1} \cdot n_{\bullet 2}}$$

Es gilt:

$$0 \leq \chi^2 \leq n \cdot \min\{k - 1, l - 1\}$$

Bei vollständiger Unabhängigkeit nimmt χ^2 den Wert 0 an, allerdings kann $\chi^2 > 1$ werden und erfüllt damit nicht die beiden Normierungsbedingungen. Außerdem ist die Obergrenze abhängig von der Größe der Kontingenztafel und der Gesamtanzahl der Beobachtungen. Daher ist es als Assoziationsmaß ungeeignet, stellt aber die Basis einiger Assoziationsmaße dar.

Assoziationskoeffizient nach Yule

Wenn eine Vierfeldertafel vorliegt und es weder eine Nullspalte, noch eine Nullzeile gibt, kann der **Assoziationskoeffizient nach Yule** A berechnet werden.

$$A = \frac{n_{11} \cdot n_{22} - n_{12} \cdot n_{21}}{n_{11} \cdot n_{22} + n_{12} \cdot n_{21}}$$

- Der Assoziationskoeffizient nach Yule liegt immer im $[-1; 1]$.
- Falls mindestens ein $n_{ij} = 0$, so ist $|A| = 1$.
- Das Vorzeichen von A kann nur interpretiert werden, wenn die 2×2-Kontingenztafel im Zusammenhang betrachtet wird.

Mittlere quadratische Kontingenz / Phi-Koeffizient

Liegt eine beliebige Kontingenztafel vor, so können die **mittlere quadratische Kontingenz** und der **Phi-Koeffizient** berechnet werden. Dabei ist der Phi-Koeffizient die Quadratwurzel aus der mittleren quadratischen Kontingenz.

mittlere quadratische Kontingenz: $\Phi^2 := \frac{\chi^2}{n}$

Phi-Koeffizient: $\Phi := \sqrt{\frac{\chi^2}{n}}$

Der Phi-Koeffizient nimmt bei vollständiger Abhängigkeit in einer $(k \times k)$-Kontingenztafel den Wert $\Phi = \sqrt{k-1}$ an und erfüllt damit die zweite Normierungsanforderung $\Phi = 1$ nur im Spezialfall der Vierfeldertafel. In allen anderen Fällen wird die zweite Anforderung nicht erfüllt.

Beispiel

Wir betrachten eine Pflanzensorte, welche in blau, lila und weiß blühen kann. Zusätzlich gibt es sie in zwei verschiedenen Größen (klein, groß). Wir haben 100 Personen gefragt, welche Variante sie bevorzugen, wenn sie sich für eine entscheiden müssen und im Anschluss in einer Tabelle dargestellt.

	klein	groß	$\sum$
blau	4	36	40
lila	3	17	20
weiß	23	17	40
$\sum$	30	70	100

Mit den Werten aus der Tabelle lassen sich die quadratische Kontingenz und der Phi-Koeffizient berechnen.

$$\chi^2 = \left(\frac{(4-\frac{30\cdot 40}{100})^2}{\frac{30\cdot 40}{100}} + \frac{(3-\frac{30\cdot 20}{100})^2}{\frac{30\cdot 20}{100}} + \frac{(23-\frac{30\cdot 40}{100})^2}{\frac{30\cdot 40}{100}} + \frac{(36-\frac{70\cdot 40}{100})^2}{\frac{70\cdot 40}{100}} + \frac{(17-\frac{70\cdot 20}{100})^2}{\frac{70\cdot 20}{100}} + \frac{(17-\frac{70\cdot 40}{100})^2}{\frac{70\cdot 40}{100}} \right)$$
$$\approx 24{,}1667$$
$$\Phi = \sqrt{\frac{\chi^2}{n}} \approx 0{,}4916$$

7.2.1 Kontingenzkoeffizienten nach Pearson und Cramér

Um die Abhängigkeit vom Stichprobenumfang n zu dezimieren, wird der Kontingenzkoeffizient nach Pearson berechnet.

Der **Kontingenzkoeffizient nach Pearson** wird berechnet:

$$K_p := \left(\frac{\chi^2}{\chi^2 + n}\right)^{0{,}5} \quad \text{mit} \quad 0 \leq K_p \leq \sqrt{\frac{\min(l-1, k-1)}{\min(k, l)}}$$

Der Kontingenzkoeffizient nach Pearson erfüllt in dieser Form die zweite Normierungsbedingung wieder nicht, daher wurde er noch einmal korrigiert.

Der **korrigierte Kontingenzkoeffizient nach Pearson**:

$$K_p^{korr} = \frac{K_p}{\max K_p} = \left(\frac{\chi^2}{\chi^2 + n}\right)^{0,5} \cdot \left(\frac{\min(k,l)}{\min(k,l) - 1}\right)^{0,5} \quad \text{mit} \quad 0 \leq K_p^{korr} \leq 1$$

Damit erfüllt der korrigierte Kontingenzkoeffizient nach Pearson die beiden Normalisierungsbedingungen und die Stärke der Abhängigkeit lässt sich leicht erkennen. Ein weiterer Kontingenzkoeffizient, der die Bedingungen erfüllt, ist der Kontingenzkoeffizient nach Cramér.

Kontingenzkoeffizient nach Cramér:

$$K_c := \left(\frac{\chi^2}{n \cdot (\min(k,l) - 1)}\right)^{0,5} = \Phi \cdot [\min(k,l) - 1]^{-0,5} \quad \text{mit} \quad 0 \leq K_c \leq 1$$

Der Kontingenzkoeffizient nach Cramér ist auch unter Cramérs V bekannt.

7.3 Ordinale Merkmale - Rangkorrelationskoeffizienten

Wenn zwei mindestens ordinal skalierte Merkmale vorliegen, kann auf einen Rangkorrelationskoeffizienten zurückgegriffen werden. Wie der Name verrät, werden dazu Ränge benötigt:

Ränge

Zunächst wird die Stichprobe $x_1, \ldots, x_n$ der Größe nach sortiert, sodass $x_{(1)}, \ldots, x_{(n)}$ vorliegt. Dann wird der **Rang** bestimmt, welcher der Position entspricht, an der x_i in der sortieren Stichprobe als $x_{(j)}$ steht:

$$R(x_i) = j$$

Treten mehrere gleiche Beobachtungen x_i auf, so wird von **Bindung** gesprochen. Da gleiche Beobachtungen auch gleiche Ränge haben sollen, wird diesen meist der Mittelwert der Ränge zugeordnet, welche sie belegen würden.

Rangkorrelationskoeffizient nach Spearman

Die Stichprobe liegt paarweise (x_i, y_i) vor. Die Grundidee besteht darin, dass die Ränge von x_i und y_i miteinander verglichen werden. Je näher die Ränge liegen, desto größer ist der Zusammenhang.

Das **Zusammenhangsmaß des Rangkorrelationskoeffizienten nach Spearman** berechnet sich über:

$$r_{sp} = \frac{\sum_{i=1}^{n} \left(R(x_i) - \overline{R(x)}\right) \cdot \left(R(y_i) - \overline{R(y)}\right)}{\sqrt{\sum_{i=1}^{n} \left(R(x_i) - \overline{R(x)}\right)^2 \cdot \sum_{i=1}^{n} \left(R(y_i) - \overline{R(y)}\right)^2}}$$

Bedeutung Korrelationskoeffizient

mit

$$\overline{R(x)} = \frac{1}{n}\sum_{i=1}^{n} R(x_i) \quad \text{bzw.} \quad \overline{R(y)} = \frac{1}{n}\sum_{i=1}^{n} R(y_i)$$

Es gilt: $-1 \leq r_{sp} \leq 1$, d. h. wenn die Ränge von X und Y übereinstimmen, also positiv korrelieren, dann ist $r_{sp} = 1$. Wenn die Ränge in umgekehrter Reihenfolge verlaufen, also negativ korrelieren, dann ist $r_{sp} = -1$.

Unter der Bedingung, dass die vorliegenden Daten $x_1, \dots, x_n$ und $y_1, \dots, y_n$ paarweise verschieden sind, d. h.

$$x_i \neq y_i \quad \text{für alle } i \neq j, \quad i, j \in \{1, \dots, n\}$$

kann der Rangrelationskoeffizient alternativ über

$$r_{sp} = 1 - \frac{6}{n \cdot (n^2 - 1)} \sum_{i=1}^{n} (R(x_i) - R(y_i))^2$$

berechnet werden.

Beispiel

In unserem Beispiel, anhand welchem wir die Rechenwege verstehen wollen, liegen uns die Schuhgröße sowie die Körpergröße von fünf Personen vor.

i	1	2	3	4	5
Schuhgröße x_i	36	37	42	31	46
$R(x_i)$	2	3	4	1	5
Körpergröße in cm y_i	167	157	188	127	202
$R(y_i)$	3	2	4	1	5

$$\frac{1}{n}\sum_{i=1}^{n} \overline{R(x)} = \frac{1}{5} \cdot (2 + 3 + 4 + 1 + 5)$$
$$= {}^1/_5 \cdot 15 = 3$$
$$\frac{1}{n}\sum_{i=1}^{n} \overline{R(y)} = \frac{1}{5} \cdot (3 + 2 + 4 + 1 + 5)$$
$$= {}^1/_5 \cdot 15 = 3$$

Im ersten Schritt fertigen wir eine Hilfstabelle an, in der wir die einzelnen Bestandteile der Formel eintragen und berechnen:

i	1	2	3	4	5
Schuhgröße x_i	36	37	42	31	46
$R(x_i)$	2	3	4	1	5
$R(x_i) - \overline{R(x)}$	-1	0	1	-2	2
$\left(R(x_i) - \overline{R(x)}\right)^2$	1	0	1	4	4
Körpergröße in cm y_i	167	157	188	127	202
$R(y_i)$	3	2	4	1	5
$R(y_i) - \overline{R(y)}$	0	-1	1	-2	2
$\left(R(y_i) - \overline{R(y)}\right)^2$	0	1	1	4	4
$(R(x_i) - \overline{R(x)}) \cdot (R(y_i) - \overline{R(y)})$	0	0	1	4	4

Nach den in der Hilfstabelle durchgeführten Berechnungen können wir jetzt den Rangkorrelationskoeffizienten nach Spearman berechnen:

$$r_{sp} = \frac{0+0+1+4+4}{\sqrt{(1+0+1+4+4)\cdot(0+1+1+4+4)}} = \frac{9}{\sqrt{10\cdot 10}} = 0{,}9$$

Der alternative Rechenweg führt zu demselben Ergebnis:

$$r_{sp} = 1 - \frac{6}{5\cdot(5^2-1)}\cdot((-1)^2+1^2+0^2+0^2+0^2) = 1-\frac{12}{120} = 0{,}9$$

Konkordant/Diskordant

Für ein weiteres Korrelationsmaß müssen zunächst konkordante oder diskordante Beobachtungspaare definiert werden.

Liegen zwei beliebige Beobachtungen (x_i, y_i), (x_j, y_j) vor, so unterscheiden wir Beobachtungspaare wie folgt:

- **konkordant**
  - entweder: $x_i < x_j$ und $y_i < y_j$
  - oder: $x_i > x_j$ und $y_i > y_j$
- **diskordant**
  - entweder: $x_i < x_j$ und $y_i > y_j$
  - oder: $x_i > x_j$ und $y_i < y_j$
- **gebunden**
  - $x_i = x_j$ und / oder $y_i = y_j$

Kendall-Korrelationskoeffizient

Ein alternatives Maß ist der Kendall-Korrelationskoeffizient.

Der **Kendall-Korrelationskoeffizient** berechnet sich durch:

$$\tau = \frac{n_k - n_d}{\binom{n}{2}}$$

Dabei ist:

- n_k die Anzahl konkordanter Beobachtungspaare
- n_d die Anzahl diskordanter Beobachtungspaare
- $\binom{n}{2} = \frac{n!}{(n-2)!\cdot 2!} = \frac{n\cdot(n-1)}{2}$ die Gesamtzahl aller Beobachtungspaare

Es gilt: $-1 \leq \tau \leq 1$. Für den Fall, dass

- $n_k = \binom{n}{2}$, so ist $\tau = 1$ und positiv korreliert.

- $n_d = \binom{n}{2}$, so ist $\tau = -1$ und negativ korreliert.
- $n_k = n_d$, so ist $\tau = 0$.

Goodman und Kruskal-Korrelationskoeffizient

> Der **Rangkorrelationskoeffizient nach Goodman und Kruskal** ist ein weiteres Zusammenhangsmaß. Er ist definiert als:
>
> $$\gamma = \frac{n_k - n_d}{n_k + n_d} \quad , -1 \leq \gamma \leq 1$$

7.4 Metrische Merkmale - Korrelationskoeffizienten

Wenn sowohl das Merkmal X, als auch das Merkmal Y als metrisches Merkmal mit den paarweisen Merkmalsausprägungen $(x_1, y_1), \ldots, (x_n, y_n)$ vorliegen, so kann für jede Beobachtung der Abstand zum jeweiligen Mittelwert $\overline{x}$ und $\overline{y}$ bestimmt werden. Das Produkt der Abstände von x_i und y_i gibt bereits Aufschluss darüber, ob ein positiver Zusammenhang (das Produkt wird positiv) oder ein negativer Zusammenhang (das Produkt wird negativ) vorliegt.

Mit Hilfe dieser Grundidee können wir zwei mögliche Fragestellungen beantworten:

- Möchten wir die Frage nach der Stärke des Zusammenhangs beantworten, so nutzen wir die **Empirische Korrelation**.
- Möchten wir die Frage nach der **Form des Zusammenhangs** beantworten, so nutzen wir die **Regression** (vgl. Kap. 8).

7.4.1 Streudiagramm / Scatterplot

Grafisch kann der Zusammenhang zwischen zwei Merkmalen X und Y mit den Merkmalsausprägungen $(x_1, y_1), \ldots, (x_n, y_n)$ mit Hilfe eines **Streudiagramms / Scatterplots** dargestellt werden. Dafür werden die Beobachtungswerte entsprechend auf der x- bzw. y-Achse als Merkmalspaar abgetragen.

Für die einzelnen Quadraten gelten dabei folgende Beziehungen:

- 1. Quadrant: $x_i > \overline{x}$ und $y_i > \overline{y}$
- 2. Quadrant: $x_i < \overline{x}$ und $y_i > \overline{y}$
- 3. Quadrant: $x_i < \overline{x}$ und $y_i < \overline{y}$
- 4. Quadrant: $x_i > \overline{x}$ und $y_i < \overline{y}$

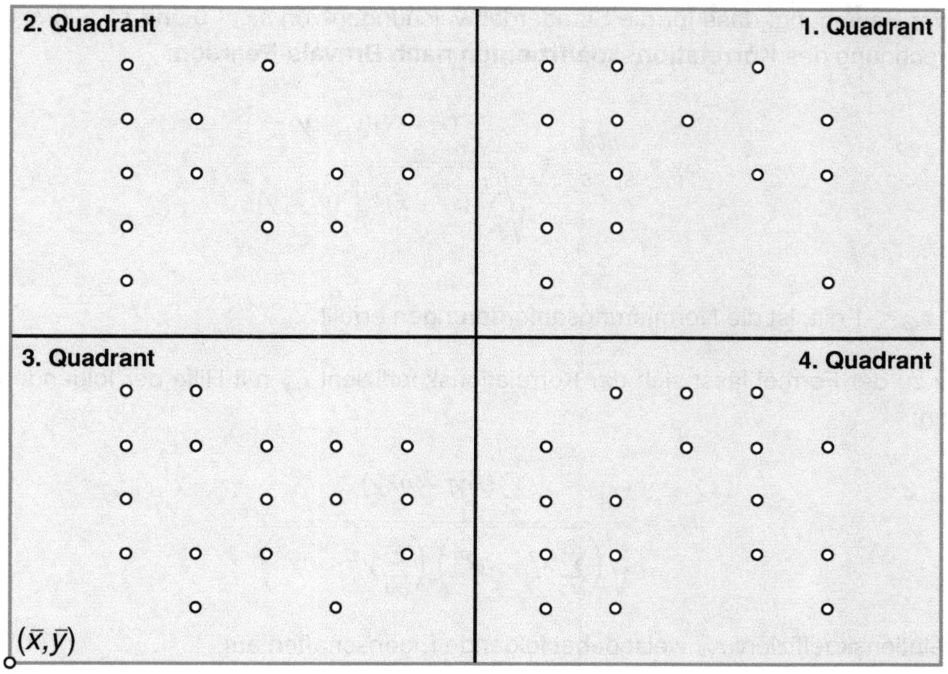

Empirische Kovarianz

Die Empirische Varianz (vgl. Kap. 4.2) stellt einen Spezialfall der Empirischen Kovarianz dar. Wenn in der Empirischen Kovarianz zweimal derselbe Datensatz genutzt wird, so entspricht dies der Varianz.

Die Berechnung der **Empirischen Kovarianz** erfolgt bei Vorliegen von den Beobachtungen $(x_1, y_1), \ldots, (x_n, y_n)$ mit Hilfe von:

$$s_{xy} = \frac{1}{n} \sum_{i=1}^{n} (x_i - \bar{x})(y_i - \bar{y})$$

Alternativ kann die Empirische Kovarianz mit Hilfe von

$$s_{xy} = \frac{1}{n} \sum_{i=1}^{n} x_i y_i - \bar{x} \cdot \bar{y} = \overline{xy} - \bar{x} \cdot \bar{y}$$

berechnet werden. $\overline{xy}$ ist dabei das arithmetische Mittel der Produkte von $x_1 y_1, \ldots, x_n y_n$.

Bravais-Pearson-Korrelationskoeffizient

Auch die Berechnung des Bravais-Pearson-Korrelationskoeffizienten erfolgt erneut mit $(x_1, y_1), \ldots, (x_n, y_n)$ Beobachtungen von einem bivariaten Merkmal.

Unter der Bedingung, dass für die Standardabweichungen von $s_x > 0$ und $s_y > 0$ gilt, erfolgt die Berechnung des **Korrelationskoeffizienten nach Bravais-Pearson:**

$$r_{xy} = \frac{s_{xy}}{s_x \cdot s_y} = \frac{\sum_{i=1}^{n}(x_i - \overline{x})(y_i - \overline{y})}{\sqrt{\sum_{i=1}^{n}(x_i - \overline{x})^2 \sum_{i=1}^{n}(y_i - \overline{y})^2}}$$

Da $-1 \leq r_{sp} \leq 1$ gilt, ist die Normierungsanforderungen erfüllt.

Alternativ zu der Formel lässt sich der Korrelationskoeffizient r_{xy} mit Hilfe der folgenden Formel berechnen:

$$r_{xy} = \frac{\sum_{i=1}^{n}(x_i y_i - n\overline{xy})}{\sqrt{\left(\sum_{i=1}^{n} x_i^2 - n\overline{x}^2\right)\left(\sum_{i=1}^{n} y_i^2 - n\overline{y}^2\right)}}$$

Der Korrelationskoeffizient r_{xy} weist dabei folgende Eigenschaften auf:

- Falls $s_x = 0$ oder $s_y = 0$ gilt, so ist r_{xy} nicht definiert.
- $r_{xy} = 1$, daraus folgt das y_i eine lineare Transformation ist: $y_i = a_0 + a_1 \cdot x_i$ mit $a_1 > 0$.
- $r_{xy} = -1$, daraus folgt das y_i eine lineare Transformation ist: $y_i = a_0 + a_1 \cdot x_i$ mit $a_1 < 0$.

Positive / Negative Korrelation

Der Zusammenhang von zwei Merkmalen X und Y wird bezeichnet als:

positive Korrelation : $r_{xy} > 0$

negative Korrelation : $r_{xy} < 0$

keine Korrelation : $r_{xy} = 0$

Es kann ein Zusammenhang zwischen den Merkmalen X und Y bestehen, auch wenn r_{sp} dies nicht andeutet.

Zusätzlich bedeutet $r_{xy} = 0$ nicht zwangsläufig, dass die beiden Merkmale X und Y keinen Zusammenhang aufweisen. $r_{xy} = 0$ bedeutet nur, dass es keinen linearen Zusammenhang zwischen den Merkmalen gibt.

Beispiel

In unserem Beispiel betrachten wir von 10 Kandidaten (#) das Körpergewicht in Kilo sowie die Größe in cm. Um herauszufinden, ob zwischen diesen beiden Merkmalen ein Zusammenhang besteht, berechnen wir den Korrelationskoeffizienten nach Bravais-Pearson.

#	Gewicht x_i	Größe y_i	#	Gewicht x_i	Größe y_i
1	53	165	6	82	172
2	71	168	7	93	202
3	34	125	8	52	148
4	55	159	9	66	171
5	39	147	10	102	191

$$\overline{x} = \frac{647}{10} = 64{,}7$$
$$\overline{y} = \frac{1648}{10} = 164{,}8$$

Erneut nutzen wir eine Hilfstabelle, in welcher wir die entsprechenden Ergebnisse, die wir für die weitere Rechnung benötigen, eintragen können.

#	$(x_i - \overline{x})$	$(x_i - \overline{x})^2$	$(y_i - \overline{y})$	$(y_i - \overline{y})^2$	$(x_i - \overline{x}) \cdot (y_i - \overline{y})$
1	-11,7	136,89	0,2	0,04	-2,34
2	6,3	39,69	3,2	10,24	20,16
3	-30,7	942,49	-39,8	1584,04	1221,86
4	-9,7	94,09	-5,8	33,64	56,26
5	-25,7	660,49	-17,8	316,84	457,46
6	17,3	299,29	7,2	51,84	124,56
7	28,3	800,89	37,2	1383,84	1052,76
8	-12,7	161,29	-16,8	282,24	213,36
9	1,3	1,69	6,2	38,44	8,06
10	37,3	1391,29	26,2	686,44	977,26
$\sum$	-	4528,1	-	4387,6	4129,4

$$r_{xy} = \frac{4129{,}4}{\sqrt{4528{,}1 \cdot 4387{,}6}} \approx 0{,}9264$$

7.5 Aufgaben

A-7.1 200 Absolventen des Medizinstudiums wurden gefragt, in welcher Fachdisziplin sie ihren Facharzt anstreben.

	weiblich	männlich	$\sum$
Radiologie	17		55
Arbeitsmedizin	5	14	
Chirurgie		52	
$\sum$	96		200

a) Vervollständige die Tabelle.

b) Wie viel Prozent der Absolventen möchten ein Facharzt in Radiologie machen?

c) Unterscheiden sich die männlichen und weiblichen Mediziner hinsichtlich ihrer Disziplin, in welcher sie ihren Facharzt anstreben? Berechne dazu die entsprechenden, notwendigen Werte um eine Aussage zu treffen.

d) Berechne χ^2 sowie den Pearson-Korrelationskoeffizient.

A-7.2 Von 5 Absolventen der Führerscheinprüfung wurde der Lernaufwand x_i für die Theorieprüfung in Stunden erfasst sowie der IQ y_i erfasst.

i	**1**	**2**	**3**	**4**	**5**
x_i	14	26	10	5	12
y_i	107	97	112	104	121

Berechne den Rangkorrelationskoeffizienten.

A-7.3 100 Kandidaten treten zu einer schwierigen mündlichen Prüfung an. Diese findet an zwei Tagen hintereinander statt, weil es für einen Tag zu viele Prüflinge sind. Die nachfolgende Tabelle spiegelt die Quote des Bestehens wider.

Tag	Bestanden	Durchgefallen	$\sum$
1	37	23	60
2	22	18	40
Gesamt	59	41	100

a) Ein Student behauptet, dass es besser wäre, am zweiten Tag geprüft zu werden, da die Durchfallquote dort geringer wäre. Es wäre unfair, dass er am ersten Tag geprüft worden wäre. Stimmt seine Behauptung? Wie hoch ist die Durchfallquote am ersten und zweiten Tag jeweils, sowie insgesamt?

b) Zusätzlich wird als drittes Merkmal das Geschlecht betrachtet, weshalb sich nach zusätzlicher Aufteilung nach Geschlecht nachfolgende Übersicht ergibt. Welche Schlüsse können aus den Kontingenztafeln gezogen werden?

Für den ersten Prüfungstag:

Geschlecht	Bestanden	Durchgefallen	$\sum$
weiblich	24	16	40
männlich	13	7	20
Gesamt	37	23	60

Für den zweiten Prüfungstag:

Geschlecht	Bestanden	Durchgefallen	$\sum$
weiblich	7	8	15
männlich	15	10	25
Gesamt	22	18	40

8 Lineare Regression

8.1 Explorative Regression

Liegt ein Streudiagramm mit den Punkten (x_i, y_i) mit $i = 1, \ldots, n$ vor, kann mit Hilfe der linearen Regression eine Gerade ermittelt werden, welche die Punktwolke bestmöglich abbildet. Bestmöglich heißt dabei, dass der Abstand der einzelnen Punkte zur Geraden möglichst klein wird. Dabei wird jeder Punkt aus der Punktwolke bei der Ermittlung der Geraden berücksichtigt.

Um die Gerade zu ermitteln, wird im ersten Schritt angenommen, dass

$$y = \alpha + \beta \cdot x + e$$

gilt, wobei e den Fehlerterm darstellt. Ziel ist es, α und β so zu bestimmen, dass die Gerade möglichst gut die Punktwolke abbildet. Die Abstände der einzelnen Punkte zu der Geraden sollen möglichst klein sein.

Regressionsgeraden

Beispiel

Die Berechnung einer Linearen Regression schauen wir uns im Verlauf des Kapitels anhand der sportlichen Aktivitäten und Schlafenszeiten von Kindern in der vierten Klasse an. Wir haben die Vermutung, dass die sportliche Aktivität einen Einfluss auf die Länge der Schlafenszeit hat. Unsere Vermutung: Kinder (#), welche eine hohe sportliche Aktivität haben, schlafen mehr.

- x: Sportliche Aktivitäten in Stunden pro Woche
- y: Schlafenszeit in Stunden pro Woche

#	x_i	y_i	#	x_i	y_i
1	12	72	6	6	65
2	3	63	7	15	69
3	13	70	8	7	82
4	5	75	9	2	60
5	1	80	10	4	71

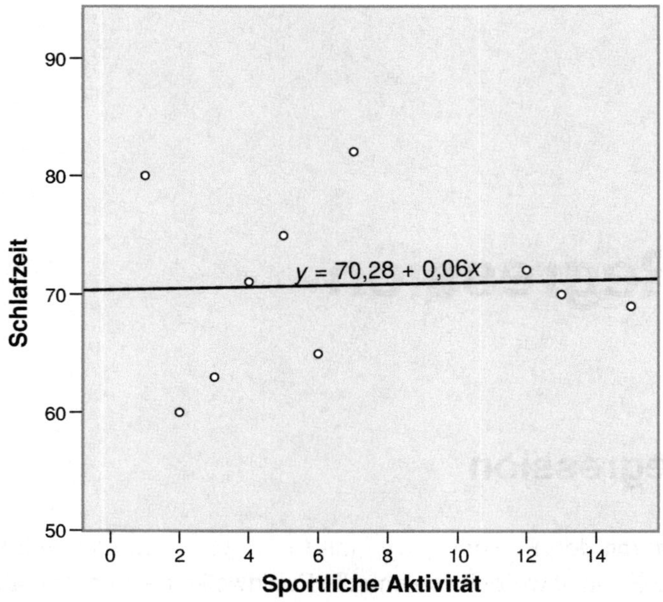

Vorgehen

1. Zuerst werden die senkrechten Abstände der einzelnen Punkte zu möglichen Geraden betrachtet.
2. Die Summen der quadrierten Abstände werden gebildet.
3. Die Gerade mit der kleinsten Summe der quadrierten Abstände ist die Regressionsgerade. Diese minimiert die Fehlerquadratsumme.
4. Jedem Punkt (x_i, y_i), mit $i = 1, \ldots, n$ wird ein geschätzter Punkt zugeordnet, wobei für diesen gilt:

$$\hat{y}_i = \alpha + \beta \cdot x_i \, ,$$

d. h. jeder geschätzte Punkt liegt auf der Regressionsgeraden.

8.2 Kleinste Quadrate Methode (KQ-Schätzung)

8.2.1 Kleinste Quadrate Methode / KQ-Schätzung

Das in Kap. 8.1 beschriebene Vorgehen wird mathematisch als **Kleinste Quadrate Methode** bzw. KQ-Schätzung bezeichnet. Die Gerade

$$\hat{y} = \hat{\alpha} + \hat{\beta} \cdot x$$

wird als **Kleinste Quadrate Regressionsgerade** von Y bzgl. X bezeichnet. Diese Gerade minimiert die Quadratsumme der Fehler.

$$\sum_{i=1}^{n} e_i^2 = \min_{\alpha,\beta} \sum_{i=1}^{n} (y_i - \hat{y}_i)^2 = \min_{\alpha,\beta} \sum_{i=1}^{n} (y_i - \alpha - \beta \cdot x_i)^2$$

8.2.2 Berechnung der einzelnen Parameter

$\hat{\alpha}$: Schnittpunkt der Regressionsgerade mit der y-Achse

$$\hat{\alpha} = \overline{y} - \hat{\beta} \cdot \overline{x}$$

$\hat{\beta}$: Steigung der Regressionsgeraden

$$\hat{\beta} = \frac{s_{xy}}{s_x^2} = \frac{\sum_{i=1}^{n}(x_i - \overline{x}) \cdot (y_i - \overline{y})}{\sum_{i=1}^{n}(x_i - \overline{x})^2}$$

Zusätzlich gilt: $\hat{\alpha} = \overline{y} - \hat{\beta} \cdot \overline{x} \Leftrightarrow \overline{y} = \hat{\alpha} + \hat{\beta} \cdot \overline{x}$, dementsprechend läuft unsere Regressionsgerade durch den Punkt $(\overline{x}, \overline{y})$.

Weitere Beziehungen für die KQ-Schätzung:

- Wenn $\hat{\beta} > 0 \Leftrightarrow r_{xy} > 0$
- Wenn $\hat{\beta} = 0 \Leftrightarrow r_{xy} = 0$
- Wenn $\hat{\beta} < 0 \Leftrightarrow r_{xy} > 0$

Wichtige Bezeichnungen

Haben wir aus den Punkten (x_i, y_i) mit $i = 1, \ldots, n$ eine KQ-Gerade der Form $\hat{y} = \hat{\alpha} + \hat{\beta} \cdot x$ berechnet, so werden die einzelnen Bestandteile auch wie folgt benannt:

Regressor: Bezeichnung für das Merkmal X bzw. die erklärende Variable, exogene Variable oder Einflussfaktor.

Regressand: Bezeichnung für das Merkmal Y bzw. die abhängige Variable, endogene Variable oder Zielvariable.

Regressionsfunktion: Bezeichnung für die Funktion $\hat{f}$.

Regressionswerte: Bezeichnung für die Funktionswerte $\hat{y}_i = \hat{f}(x_i)$, mit $i = 1, \ldots, n$.

Erklärter Teil von y_i: $\hat{y}_i = \hat{\alpha} + \hat{\beta} \cdot x_i$

Fehler, Residuum oder Restgröße: $e_i = y_i - \hat{y}_i$

Beispiel

Nachdem alle Rechenschritte in der Theorie dargestellt wurden, starten wir an dieser Stelle wir mit der Berechnung der benötigten Parameter für das Aufstellen der Gleichung: $\overline{x} = \frac{68}{10} = 6{,}8$ und $\overline{y} = \frac{707}{10} = 70{,}7$.

Person	x_i	y_i	$x_i - \overline{x}$	$y_i - \overline{y}$	$(x_i - \overline{x})(y_i - \overline{y})$	$(x_i - \overline{x})^2$
1	12	72	5,2	1,3	6,67	27,04
2	3	63	-3,8	-7,7	29,26	14,44
3	13	70	6,2	-0,7	-4,34	38,44
4	5	75	-1,8	4,3	-7,74	3,24
5	1	80	-5,8	9,3	-53,94	33,64
6	6	65	-0,8	-5,7	4,56	0,64
7	15	69	8,2	-1,7	-13,94	67,24
8	7	82	0,2	11,3	2,26	0,04
9	2	60	-4,8	-10,7	51,36	23,04
10	4	71	-2,8	0,3	-0,84	7,84
$\sum$	68	707	-	-	13,4	215,6

$$\hat{\beta} = \frac{s_{xy}}{s_x^2} = \frac{13,4}{215,6} = 0,0622$$

$$\hat{\alpha} = 70,7 - 0,0622 \cdot 6,8 = 70,27704$$

8.2.3 Streuungszerlegung

Liegt uns nun somit ein Modell der Form: $y_i = \alpha + \beta \cdot x_i + e_i$ mit $i = 1, \ldots, n$ vor sowie die KQ-Schätzung: $\hat{y}_i = \hat{\alpha} + \hat{\beta} \cdot x_i$, dann können wir eine **Streuungszerlegung** vornehmen.

$$\sum_{i=1}^{n}(y_i - \overline{y})^2 = \sum_{i=1}^{n}(y_i - \hat{y}_i)^2 + \sum_{i=1}^{n}(\hat{y}_i - \overline{y})^2$$

$$SST = SSE + SSR$$

$SST = \sum_{i=1}^{n}(y_i - \overline{y})^2$: Total sum of squares = Gesamtvarianz

$SSE = \sum_{i=1}^{n}(y_i - \hat{y}_i)^2$: Error sum of squares = Erklärte Varianz

$SSR = \sum_{i=1}^{n}(\hat{y}_i - \overline{y})^2$: Regression sum of squares = Nicht erklärte Varianz

Je besser die Regressionsgerade an die Punktewolke angepasst ist, desto mehr Varianz von der Gesamtvarianz wird erklärt. Das Ziel sollte sein, möglichst viel zu erklären.

8.3 Bestimmtheitsmaß

Es bietet sich an, über die Varianz ein Maß zu bestimmen, welches die Anpassungsgüte der Regression beschreibt.

Das **Bestimmtheitsmaß** ist definiert als: $R^2 = \frac{SSR}{SST} = \frac{\sum_{i=1}^{n}(\hat{y}_i - \overline{y})^2}{\sum_{i=1}^{n}(y_i - \overline{y})^2}$

Alternativ lässt es sich folgendermaßen berechnen:

$$R^2 = 1 - \frac{SSE}{SST} = 1 - \frac{\sum_{i=1}^{n}(y_i - \hat{y}_i)^2}{\sum_{i=1}^{n}(y_i - \overline{y})^2}$$

Der Wertebereich von R^2 entspricht den Normierungsansprüchen: $0 \leq R^2 \leq 1$. Interpretation:

- $R^2 = 0$, d. h. $SSR = 0$. Die Gerade passt überhaupt nicht zur Punktwolke und erklärt nichts.
- $R^2 = 1$, d. h. $SSE = 0$. In diesem Fall liegt eine optimale Anpassung der KQ-Geraden an die Punktwolke vor, $\hat{e}_i = 0$. Alle Beobachtungen liegen genau auf dieser Geraden.

8.4 Residualanalyse

Bei der Residualanalyse wird mit Hilfe von einem Residualplot untersucht, wie gut die Regressionsgerade an unsere Punkte angepasst ist.

> Der **Residualplot** ist eine besondere Form des Streuungsdiagramms. Wir tragen die Regressionswerte $\hat{y}_i$ dabei auf der x-Achse und die dazugehörigen Residuen $\hat{e}_i = y_i - \hat{y}_i$ auf der y-Achse ab.

Alternativ zu den Residuen, lassen sich auch die normierten Residuen $\hat{d}_i$ verwenden:

$$\hat{d}_i = \frac{y_i - \hat{y}_i}{\sqrt{\sum_{i=1}^{n}(y_i - \hat{y}_i)^2}} \quad \text{mit} \quad i \in \{1, \ldots, n\}$$

In dem Plot sollte im Idealfall keine Struktur erkennbar sein. Sollte eine Struktur sichtbar sein, so deutet diese darauf hin, dass die Daten durch die KQ-Gerade nicht gut beschrieben wurde.

8.5 Aufgaben

A-8.1 Uns liegt die tägliche einfache Fahrstrecke in km von 10 Personen (#) zur Arbeit sowie die dafür benötigte Zeit in Minuten vor.

a) Bestimme die nötigen Parameter für die Regressionsgerade.

b) Stelle die Regressionsgerade auf.

#	Fahrstrecke	Zeit	#	Fahrstrecke	Zeit
1	30	25	6	10	12
2	12	14	7	3	6
3	17	29	8	1	3
4	80	60	9	15	10
5	45	30	10	22	17

A-8.2 Von 6 Personen (#) mit unterschiedlicher Körpergröße in cm wird die Schrittlänge in cm gemessen. Diese ist in der nachfolgenden Tabelle dargestellt.

a) Zeichne ein Streudiagramm.

b) Stelle die Regressionsgerade auf.

c) Berechne für eine Person mit einer Körpergröße von 193 cm mit Hilfe der Regressionsgeraden die Schrittlänge.

#	Größe	Schrittlänge
1	120	75
2	150	115
3	170	125
4	163	127
5	165	120
6	183	131

A-8.3 Bei 20 Patienten (#) wurde eine OP durchgeführt. Dabei war der Eingriff bei allen Patienten derselbe, genauso wie das Krankenhaus und der Mediziner, welcher den Eingriff durchgeführt hat. Für alle Patienten wurde das Patientenalter sowie die Dauer der OP in Minuten aufgenommen. Dieses kann nachfolgender Tabelle entnommen werden.

#	Alter	Op-Dauer	#	Alter	Op-Dauer
1	75	63	11	80	60
2	74	83	12	92	56
3	62	112	13	56	47
4	75	63	14	83	79
5	72	81	15	92	53
6	60	42	16	65	107
7	71	52	17	89	54
8	64	102	18	61	56
9	59	78	19	84	53
10	71	93	20	88	97

Netterweise hat man im Krankenhaus bereits das durchschnittliche Alter $\overline{x} = 73{,}65$ sowie die durchschnittliche Operationszeit bestimmt $\overline{y} = 71{,}55$. Zusätzlich wurden auch die Parameter $S_{xy} = -898{,}15$ und $S_x^2 = 2546{,}55$ berechnet. Leider fehlt dem Krankenhauspersonal nun aber das Wissen, eine entsprechende Regressionsgerade aufzustellen.

a) Berechne die benötigten Parameter für die Regressionsgerade und stelle diese auf. Runde auf 4 Nachkommastellen.

b) Berechne die erwartete OP-Dauer für Patienten im Alter von 51 und 94 Jahren. Runde auf 4 Nachkommastellen.

c) Berechne das erwartete Alter von Patienten, für welche die OP 64 und 79 Minuten dauert. Runde auf 4 Nachkommastellen.

9 Zeitreihenanalyse

9.1 Basiswissen

Die Zeitreihenanalyse ist eine Spezialform der Regression. Bei Zeitreihen wird ein Merkmal über einen Zeitraum wiederholt beobachtet. Dabei spielt es keine Rolle, ob in gleichmäßigen oder ungleichmäßigen Abständen gemessen wird. Die zeitliche Entwicklung des beobachteten Merkmals lässt sich dann in einem Kurvendiagramm darstellen. Dabei wird auf der vertikalen Achse die Merkma sausprägung abgetragen, während die horizontale Achse als Zeitachse genutzt wird. Dort lassen sich z. B. Tage, Monate oder Uhrzeiten abtragen. Zur Berechnung gehen wir von äquidistanten Zeitpunkten aus.

Die vorliegenden Daten werden in drei verschiedene Kategorien unterschieden:

- **Querschnittsdaten:** Die Werte von einem Merkmal werden an unterschiedlichen Einheiten, aber zum selben Zeitpunkt erfasst, z. B. Temperatur am 24.12.2019 um 16 Uhr in Köln, Hamburg, München und Berlin.
- **Längsschnittdaten:** Die Werte von einem Merkmal werden an nur einer Einheit, aber zu unterschiedlichen Zeitpunkten erfasst, z. B. Temperatur in Hamburg am 24.12.2019 um 0, 1,..., 23, 24 Uhr.
- **Paneldaten:** Kombination aus Quer- und Längsschnittdaten, dieselbe statistische Einheit wird zu mehreren Zeitpunkten erfasst.

Zur Zeitreihenanalyse werden hauptsächlich die Längsschnitt- und Paneldaten verwendet. Häufig steht im Index der Datenpunkte ein t (time) anstelle eines i.

Beispiele für Zeitreihen

- Jahres- oder Monatsdurchschnittstemperaturen
- Tägliche Anzahl von Kunden im Fitnessstudio in einem Zeitraum von einem Jahr
- Umsätze eines Unternehmens über mehrere Jahre
- Verkaufszahlen von einzelnen Produkten

Grafische Beispiele für Zeitreihen

Mit Zeitreihen können wir unterschiedlichen Fragestellungen beantworten, wie z. B.:

- Lässt sich ein Trend erkennen? Wenn ja, um welchen Verlauf handelt es sich?
- Lassen sich zyklische Schwankungen erkennen?
- Lassen sich mit Hilfe der vorhandenen Zeitreihe Prognosen für die Zukunft geben?

Um die Fragestellungen anschließend zu klären, werden im ersten Schritt die grafischen Verläufe angeguckt, da diese Methode am einfachsten ist. Damit lassen sich erste Rückschlüsse auf das Vorliegen von Trends oder Saisonverhalten schließen.

Aufwärtstrend

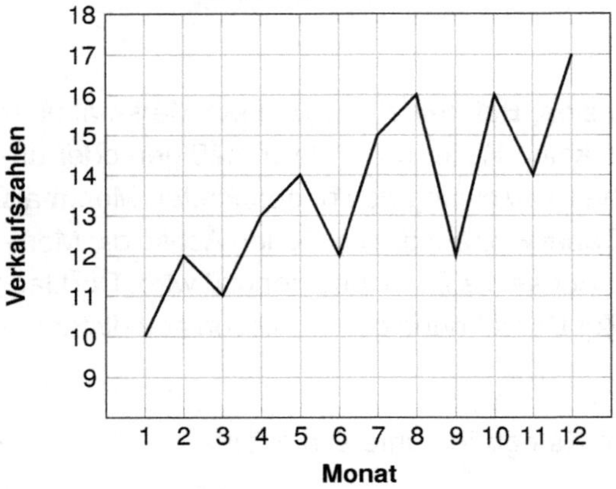

Abwärtstrend

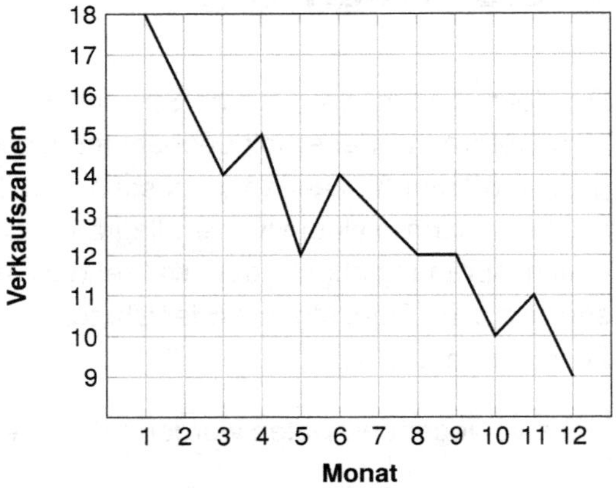

Sättigung

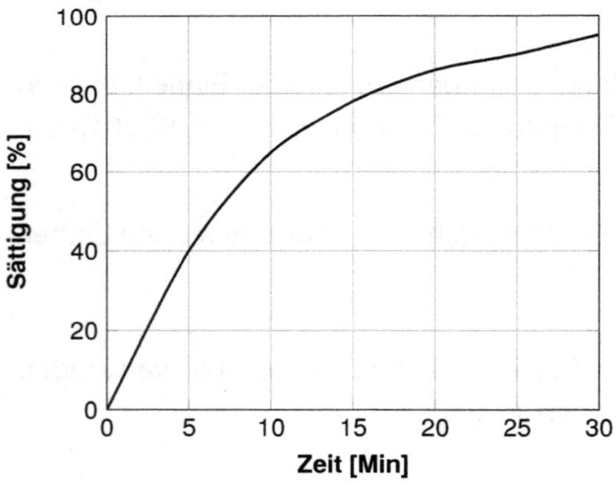

Zyklische Schwankung

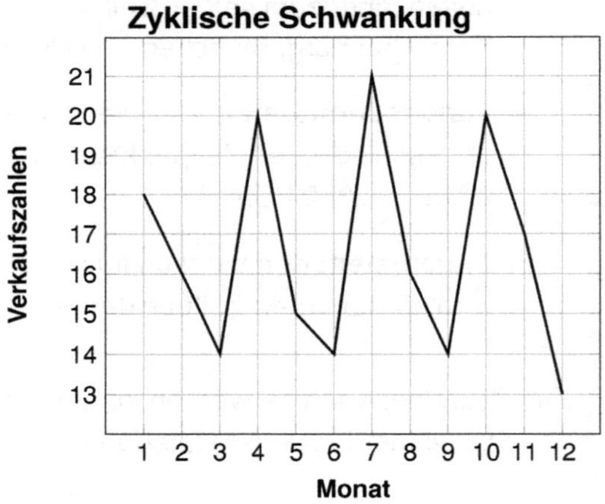

In vielen Fällen reicht eine Grafik aber alleine nicht aus, um die Zielfragestellung ausführlich zu beantworten, sodass Berechnungen durchgeführt werden müssen.

9.2 Komponentenmodell

Beim Komponentenmodell wird zwischen dem

- **additiven** und
- **multiplikativen** Modell

unterschieden. Die Zeitreihe wird dabei als ein zusammengesetztes Modell, welches aus einer systematischen Komponente und einer irregulären Restkomponente besteht, betrachtet. Die systematische Komponente lässt sich wiederum in drei Teile unterteilen. Zunächst die Trendkomponente, die die Grundentwicklung der Zeitreihe beschreibt. Ergänzt wird diese durch die Saisonkomponente, welche den Zyklus innerhalb eines Jahres beschreibt und die Konjunkturkomponente, die die Veränderung in noch größeren Zeitintervallen widerspiegelt.

Beispiele für systematische Komponenten

- Aufwärtstrend
- Abwärtstrend
- Saisonale Veränderungen
- Zyklen, konjunkturelle Einflüsse und Schwankungen

Zusätzlich gibt es noch eine **Restkomponente.** Sie ergibt sich aus den nicht erfassten oder nicht erklärten Einflüssen.

9.2.1 Additives Komponentenmodell

Das **additive Komponentenmodell** lautet:

$$y_t = z_t + k_t + s_t + e_t \quad \text{wobei} \quad t = 1, \ldots, T$$

- z_t: Trendkomponente, die die langfristige systematische Veränderung der Zeitreihe widerspiegelt.
- k_t: Konjunkturkomponente, die den Konjunkturzyklus erklärt.
- s_t: Saisonkomponente, welche z. B. die saisonale oder jahreszeitliche Entwicklung in Abhängigkeit der Fragestellung feststellt. Die Wellenlänge entspricht dabei den gewählten Perioden.
- e_t: Die irreguläre Komponente fasst die Einflüsse zusammen, die anders nicht erfasst werden. Dabei handelt es sich um kleine Werte, die um Null liegen.

Im den Fall, in dem Trend- und Konjunkturkomponente getrennt werden sollen, kommt es häufig zu Schwierigkeiten. Daher werden sie häufig zu einer **glatten Komponente** $g_t = z_t + k_t$, die den Trend beschreibt, zusammengefasst.

Für das additive **Trend-Saison-Modell** gilt dann:

$$y_t = g_t + s_t + e_t \quad \text{wobei} \quad t = 1, \ldots, T$$

- g_t: glatte Komponente
- s_t: Saisonkomponente
- e_t: irreguläre Komponente

Für den Fall, dass keine Saison zu erkennen ist, ergibt sich ein reines **Trendmodell.**

$$y_t = g_t + e_t \quad \text{wobei} \quad t = 1, \ldots, T$$

9.2.2 Multiplikatives Modell

Liegt kein reines Trendmodell vor, sondern z. B. zusätzlich auch ein saisonaler Ausschlag oder eine Zunahme der Streuung, so wird auf das **multiplikative Modell** zurückgegriffen.

$$\tilde{y}_t = \tilde{g}_t \cdot \tilde{s}_t \cdot \tilde{e}_t \quad \text{wobei} \quad t = 1, \ldots, T$$

Durch logarithmieren der Komponenten lässt sich das Modell wieder in ein additives Modell überführen:

$$y_t = \log(\tilde{y}_t) \qquad g_t = \log(\tilde{g}_t) \qquad s_t = \log(\tilde{s}_t) \qquad e_t = \log(\tilde{e}_t)$$

Dann erhalten wir folgendes Modell: $\log(\tilde{y}_t) = \log(\tilde{g}_t \cdot \tilde{s}_t \cdot \tilde{e}_t) = \log(\tilde{g}_t) + \log(\tilde{s}_t) + \log(\tilde{e}_t)$.

9.3 Globale Trendbestimmung

Globale Trendmodelle dienen zur Schätzung einfacher und monotoner Trendfunktionen. Dabei wird beim Aufstellen von globalen Trendmodellen angestrebt, dass diese für den gesamten Zeitbereich gelten.

Beispiel

- linearer Trend: $g_t = \beta_0 + \beta_1 \cdot t$
- quadratischer Trend: $g_t = \beta_0 + \beta_1 \cdot t + \beta_2 \cdot t^2$
- polynomialer Trend: $g_t = \beta_0 + \beta_1 \cdot t + \ldots + \beta_q \cdot t^q$
- exponentielles Wachstum: $g_t = \beta_0 \cdot \exp(\beta_1 \cdot t)$
- logistische Sättigungskurve: $g_t = \frac{\beta_0}{\beta_1 + \exp(-\beta_2 \cdot t)}$

Die Schätzung von β wird dabei mit der KQ-Methode durchgeführt. Wir schätzen $\beta_0, \beta_1, \ldots, \beta_q$ dabei so, dass die Summe der quadratischen Abweichung $\sum_{t=1}^{n} (y_t - g_t)^2$ minimal wird.

Zu beachten ist dabei, dass

- zu Prognosezwecken keine polynomiale Modelle genutzt werden sollten. Falls polynomiale Modelle außerhalb des eigentlichen Datenbereichs betrachtet werden werden, sind sie zum einen instabil und zum anderen streben sie gegen $\pm\infty$. Auf Grund der Instabilität und des Wachstums gegen $\pm\infty$ lassen sich keine Prognosen tätigen.
- auch Funktionsformen auftreten können, welche nicht linear sind. Damit ergibt sich, dass auch nicht lineare Regressionen berechnet werden können. Dazu gehören z. B. die logistische Sättigungskurve oder das exponentielle Wachstum.

Für den Fall, dass der globale Trend eliminiert werden soll, wird die geschätzte Trendkomponente $\hat{g}_t$ von der regulären Zeitreihe y_t subtrahiert.

Die Berechnung des **linearen Trendmodells** kann mit Hilfe von

$$y_t = \beta_0 + \beta_1 \cdot t + \varepsilon_t$$

durchgeführt werden. Die einzelnen notwendigen Komponenten der KQ-Geraden lassen sich wie folgt bestimmen:

$$\hat{\beta}_1 = \frac{12}{(T+1)(T-1)}\left[\frac{1}{T}\sum_{i=1}^{T} t y_t - \frac{T+1}{2}\bar{y}\right] \qquad \hat{\beta}_0 = \bar{y} - \hat{\beta}_1 \frac{T+1}{2}$$

Zur Vereinfachung werden folgende Formeln genutzt:

$$\sum_{i=1}^{T} t = \frac{T(T+1)}{2} \quad \text{und} \quad \sum_{t=1}^{T} t^2 = \frac{T(T+1)(2T+1)}{6}$$

9.4 Glättung der Zeitreihe

Eine Zeitreihe, die nach einer Glättung vorliegt, zeigt weniger Veränderungen an und ermöglicht es damit, einen vorliegenden Trend leichter zu erkennen bzw. zu schätzen. Im Komponentenmodell werden dazu die saisonalen Schwankungen s_t herausgefiltert, um die glatte Komponente g_t zu schätzen.

9.4.1 Gleitender Durchschnitt

Als Alternative zur Trendschätzung kann zum Zeitpunkt t der Wert y_t^* als Durchschnitt der Beobachtungen zu den Zeitpunkten $t-k, \ldots, t, \ldots, t+k$ berechnet werden. Dabei muss zwischen gerader und ungerader Ordnung k unterschieden werden.

Der **gleitende Durchschnitt** für den Zeitreihenwert y_t wird berechnet durch:

$$y_t^* = \begin{cases} \frac{1}{2k+1} \sum_{j=-k}^{k} y_{t+j}, & \text{ungerade Ordnung } 2k+1 \\ \frac{1}{2k} \cdot \left(\frac{1}{2} y_{t-k} + \sum_{j=-k+1}^{k-1} y_{t+j} + \frac{1}{2} y_{t+k}\right), & \text{gerade Ordnung } 2k \end{cases}$$

Die „Glattheit" von y_t^* lässt sich in Abhängigkeit von k festlegen. Je größer k gewählt wird, desto glatter wird das Ergebnis.

Der gleitende Durchschnitt bringt jedoch drei Probleme mit sich:

- Welche Ordnung k wird am Besten gewählt?
- Die Ränder können nicht berechnet werden, weil es keine vorangegangenen oder späteren Daten gibt.
- Beim linearen, polynomialen und exponentiellen Trendmodell können auch Vorhersagen getroffen werden. Der gleitende Durchschnitt kann nur die vorhandenen Daten beschreiben, da nur dort Werte vorliegen.

9.5 Saisonkomponente

Vor der Bestimmung der lokalen Saisonkomponente sollten wir uns bewusst machen, dass sich die Saisonkomponente in wiederkehrenden Perioden wiederholt. Die Länge der Periode wird dabei mit p bezeichnet.

Für das anschließende Saisonmodell mit Dummy-Variablen ergibt sich:

$$s_t = \beta_1 s_1(t) + \ldots + \beta_p s_p(t) \quad \text{mit} \quad s_j(t) = \begin{cases} 1, & \text{wenn } t \text{ zur Periode } j \text{ gehört} \\ 0, & \text{sonst.} \end{cases}$$

9.6 Aufgaben

A-9.1 Der Preis einer Handelsware wurde über 8 Perioden (#) aufgeschrieben.

#	Preis	#	Preis
1	44	5	48
2	52	6	56
3	60	7	62
4	54	8	54

a) Glätte die Preise der Handelsware für die 3. und 7. Periode mit Hilfe eines 3-gliedrigen gleitenden Durchschnitts.

b) Glätte die Preise für die Handelsware für die 5. Periode mit Hilfe eines 5-gliedrigen gleitenden Durchschnitts.

10 Verhältniszahlen

Verhältniszahlen sind Quotienten. Sie stellen eine Beziehung zwischen zwei Maßeinheiten im Zähler und Nenner dar und versuchen darüber, Informationen kompakter darzustellen.

Bei Verhältniszahlen wird unterschieden zwischen:

- **Gliederungszahlen**
- **Beziehungszahlen**
- **Mess- und Indexzahlen**
  - Einfache Indizes
  - Zusammengesetzte Indizes

10.1 Gliederungszahlen

Bei den **Gliederungszahlen** handelt es sich um Quoten. Dabei wird eine Teilmenge im Verhältnis zur Gesamtmenge dargestellt. Die Gliederungszahl ist daher dimensionslos und wird häufig in Prozent angegeben.

$$\text{Gliederungszahl} = \frac{\text{Teilmenge}}{\text{Gesamtmenge}}$$

Die Werte liegen im Intervall [0;1].

Beispiel

In einer Urne sind insgesamt 10 Kugeln, von denen 5 rot und 5 blau sind. Wenn wir den Anteil roter Kugeln in der Urne ermitteln wollen, berechnen wir:

$$f(a_j) = \frac{\text{rote Kugeln}}{\text{Gesamtanzahl Kugeln}} = \frac{5}{10} = \frac{1}{2}$$

10.2 Beziehungszahlen

Bei der Darstellung von zwei Größen, welche sachlich zusammenhängen, wird die **Beziehungszahl** verwendet. Aus den zwei Maßzahlen wird wieder ein Quotient gebildet. Dabei handelt es sich nicht um eine Teilmenge von einer Gesamtmenge.

$$\text{Beziehungszahl} = \frac{\text{Einheit Zähler}}{\text{Einheit Nenner}}$$

Beispiel

- Bevölkerungsdichte = $\frac{\text{Einwohneranzahl}}{\text{Fläche in km}^2}$
- Ärztliche Versorgung pro Einwohner = $\frac{\text{Anzahl Einwohner in Ort x}}{\text{Anzahl Ärzte in Ort x}}$

10.3 Messzahlen

Die **Messzahl** wird eingesetzt, wenn Zähler und Nenner gleicher Art sind. Allerdings unterscheiden sie sich hinsichtlich der Zeit, dem Raum oder einer anderen Komponenten (z. B. Geschlechte, Farbe ...). Damit sind Messzahlen wiederum dimensionslos.

Beispiel

- $\frac{\text{Studierende mit eigener Wohnung}}{\text{Studierende ohne eigene Wohnung}}$
- $\frac{\text{Studierende mit Heimatort Bielefeld}}{\text{Studierende mit Heimatort Dortmund}}$

10.3.1 Messzahlen im zeitlichen Kontext

Bei Betrachtung von Messzahlen im zeitlichen Vergleich gilt, dass

- als Basis für die Berechnung immer Zeitreihen vorhanden sein müssen,
- diese sich zeitlich ordnen lassen,
- die Werte $x_0, \dots, x_t$ als metrisch skaliertes Merkmal vorliegen.

Beispiel

- Umsatz eines Supermarktes pro Tag
- Gefahrene Kilometer im Monat
- Anzahl an Mensaessen in einer bestimmten Kalenderwoche

10.3.2 Einfache Indexzahlen

Liegen Beobachtungen $x_0, x_1, \ldots, x_T$ vor, mit den Zeitpunkten $0, 1, \ldots, T$, so gilt:

$$I_{kt} = \frac{x_t}{x_k}$$

als Zeitreihe der **einfachen Indexzahlen.**

$k \in \{0, 1, \ldots, T\}$ ist dabei ein fest gewählter Zeitpunkt innerhalb der Zeitreihe.
x_k wird währenddessen als Basis(wert) bezeichnet.
x_t ist der Berichtswert, wobei mit $t \in \{0, 1, \ldots, T\}$ die Berichtsperiode angegeben wird.

10.3.3 Umbasierung und Verkettung

Im Zusammenhang mit Messzahlen hat das Umbasieren eine hohe Wichtigkeit.

Liegt eine Messzahl mit der Basiszeit k vor, so lässt sich diese zur Basiszeit s **umbasieren.** Dabei gilt:

$$I_{st} = \frac{x_t}{x_s}, \quad \text{mit} \quad t \in \{0, 1, \ldots, T\}$$

Mit dieser Annahme kann I_{kt} direkt aus I_{ks} und I_{st} berechnet werden, da gilt:

$$I_{ks} \cdot I_{st} = \frac{x_s}{x_k} \cdot \frac{x_t}{x_s} = \frac{x_t}{x_k} = I_{kt}$$

Für die **Verkettung** gilt im Anschluss

$$I_{st} = I_{sk} \cdot I_{kt}$$

wobei für die dazugehörige **Umbasierung** gilt:

$$I_{kt} = \frac{I_{0t}}{I_{0k}}$$

Das „neue" k stellt nun die Basisperiode dar.

Unter der Bedingung, dass die Umbasierung erfolgreich durchgeführt wurde, können die Wachstumsfaktoren $I_{kt} = I_{k(k+1)} \cdot I_{(k+1)(k+2)} \cdot \ldots \cdot I_{t-1t}$ mit $k < t$ von nun an auch über mehrere Perioden berechnet werden, wenn positive verhältnisskalierte Merkmalswerte $x_0, \ldots, x_T$ vorliegen. Die Berechnung erfolgt mit Hilfe des Wachstumsfaktors:

$$w_t = \frac{x_t}{x_{t-1}} \; t \in \{1, \ldots, T\}$$

10.4 Zusammengesetzte Indizes

Zusammengesetzte Indizes lassen sich in drei Unterkategorien aufteilen:

- **Preisindizes**
- **Mengenindizes**
- **Wertindizes**

10.4.1 Preis-Indizes

Um den Preisindex zu berechnen, stehen drei verschiedene Möglichkeiten zur Verfügung:

- **Preisindex nach Laspeyres**
- **Preisindex nach Paasche**
- **Preisindex nach Fischer**

Nachfolgend werden diese mit ihren Vor- und Nachteilen vorgestellt.

Zur Berechnung des **Preisindex nach Laspeyres** gilt für die Periode k

$$p_{0,t}^{L} = \frac{\sum_{i=1}^{n} p_t(i) \cdot q_0(i)}{\sum_{i=1}^{n} p_0(i) \cdot q_0(i)}$$

wobei gilt:

- $p_k(i)$ Preise in der Periode k für das Gut i
- $q_k(i)$ Menge in der Periode k für das Gut i

Vereinfacht kann die Berechnung als

$$P_{0t}^{L} = \frac{\text{Wert des Warenkorbes der Basisperiode zu Berichtspreisen}}{\text{Wert des Warenkorbes der Basisperiode zu Basispreisen}}$$

ausgedrückt werden.

Um nun zu bestimmen, wie hoch der Ausgabenanteil des Gutes i in der ausgewählten Periode 0 ist, kann auf:

$$g_0(i) := \frac{p_0(i) \cdot q_0(i)}{\sum_{j=1}^{n} p_0(j) \cdot q_0(j)} = \frac{p_0(i) \cdot q_0(i)}{GA_0} \quad \text{i=1,...,n}$$

zurückgegriffen werden. Für jeden anderen Zeitpunkt erfolgt ein analoges Vorgehen, wobei dann nicht mehr die Periode 0 herangezogen wird, sondern die benötigte Periode k.

Beachten sollten wir, dass:

1. $\sum_{i=1}^{n} g_0(i) = 1$

2. $g_0(i)$ auch genutzt werden kann, wenn der Laspeyres-Preisindex alternativ bestimmt wird.

Im Vergleich zu anderen Preisindexberechnungen ist die Berechnung nach Laspeyres unter Umständen dadurch nachteilig, dass wir Güter zu einem Zeitpunkt bewerten, in welchem sie eventuell gar nicht mehr existieren. Damit kommt es möglicherweise zu einer Bewertung eines veralteten Warenkorbes.

Als Alternative zum Preisindex nach Laspeyres kann auf den **Preisindex nach Paasche** zurückgegriffen werden. Die Berechnung erfolgt mit Hilfe von:

$$p_{0,t}^{P} = \frac{\sum_{i=1}^{n} p_t(i) \cdot q_t(i)}{\sum_{i=1}^{n} p_0(i) \cdot q_t(i)}$$

Der Preisindex nach Paasche hat gegenüber dem Preisindex nach Laspeyres den Nachteil, dass Güter in der Basisperiode 0 bewertet werden müssen, wobei sie möglicherweise noch gar nicht existieren. Zusätzlich dazu ist eine ständige Aktualisierung des Warenkorbes notwendig.

Für den Fall, dass im vorliegenden Warenkorb alle n Güter von Periode 0 bis zur Periode t einen Preisanstieg von $\alpha \cdot 100\%$ erfahren haben, gilt sowohl für den Preisindex nach Laspeyres, als auch für den nach Paasche:

- $P_{0t}^{L} = 1 + \alpha$
- $P_{0t}^{P} = 1 + \alpha$

Als Kompromiss aus beiden Preisindexen kann der **Preisindex nach Fisher** berechnet werden. Dabei wird die Menge sowohl zum Basispreis, als auch zum Berichtszeitraum berücksichtigt. Die Berechnung erfolgt als geometrisches Mittel aus P_{0t}^{L} und P_{0t}^{P} mit Hilfe von:

$$\sqrt{P_{0t}^{L} \cdot P_{0t}^{P}}$$

Bei Betrachtung aller drei Preisindex-Möglichkeiten gilt abschließend:

$$P_{0t}^{L} \leq P_{0t}^{F} \leq P_{0t}^{P}$$

Beispiel

Wir machen uns die verschiedenen Möglichkeiten nun anhand eines Beispiels klar. Dafür betrachten wir die Ausgaben von Daniel zu drei verschiedenen Zeitpunkten für drei Güter Salat, Gurke und Tomate.

	Salatkopf		Gurke		Tomate	
Zeit	Preis	Menge	Preis	Menge	Preis	Menge
$t = 0$	12	10	5	6	14	12
$t = 1$	14	9	7	6	15	13
$t = 2$	17	16	9	6	16	15

Es stellt sich die Frage, ob das Preisniveau gleich geblieben, gesunken oder gestiegen ist. Um diese zu beantworten, berechnen wir den Preisindex nach Laspeyres, Paasche und Fischer.

- Preisindex nach Laspeyres:

$$P_{01}^{L} = \frac{\sum_{i=1}^{n} p_1(i) \cdot q_0(i)}{\sum_{i=1}^{n} p_0(i) \cdot q_0(i)} = \frac{14 \cdot 10 + 7 \cdot 6 + 15 \cdot 12}{12 \cdot 10 + 5 \cdot 6 + 14 \cdot 12} = \frac{362}{318} \approx 1{,}1384$$

$$P_{02}^{L} = \frac{\sum_{i=1}^{n} p_2(i) \cdot q_0(i)}{\sum_{i=1}^{n} p_0(i) \cdot q_0(i)} = \frac{17 \cdot 10 + 9 \cdot 6 + 16 \cdot 12}{12 \cdot 10 + 5 \cdot 6 + 14 \cdot 12} = \frac{416}{318} \approx 1{,}3082$$

- Preisindex nach Paasche:

$$P_{01}^{P} = \frac{\sum_{i=1}^{n} p_1(i) \cdot q_1(i)}{\sum_{i=1}^{n} p_0(i) \cdot q_1(i)} = \frac{14 \cdot 9 + 7 \cdot 6 + 15 \cdot 13}{12 \cdot 9 + 5 \cdot 6 + 14 \cdot 13} = \frac{363}{320} \approx 1{,}1344$$

$$P_{02}^{P} = \frac{\sum_{i=1}^{n} p_2(i) \cdot q_2(i)}{\sum_{i=1}^{n} p_0(i) \cdot q_2(i)} = \frac{17 \cdot 16 + 9 \cdot 6 + 16 \cdot 15}{12 \cdot 16 + 5 \cdot 6 + 14 \cdot 15} = \frac{566}{432} \approx 1{,}3102$$

- Preisindex nach Fischer:

$$P_{01}^{F} = \sqrt{1{,}1384 \cdot 1{,}1344} \approx 1{,}1364$$
$$P_{02}^{F} = \sqrt{1{,}3082 \cdot 1{,}3102} \approx 1{,}3092$$

Damit lässt sich die Frage einfach beantworten: Das Preisniveau ist gestiegen!

Anmerkungen

Für einen Warenkorb gilt, der z. B. wie im oberen Beispiel aussieht, dass...

- $q_k(1), \ldots, q_k(n)$ die Menge der n Produkte zum Zeitpunkt k angibt.
- $q_k(1), \ldots, q_k(n)$ auch als Tupel des Warenkorbs bezeichnet wird.
- durch den Warenkorb festgelegt wird, in welcher Menge und zu welchem Preis die Produkte beim Preisindex eingehen.

- sich z. B. die Entwicklung eines einzelnen Segmentes berechnen lässt (z. B. Gemüsemarkt) über mehrere Perioden.
- der Zeitpunkt t in der Regel die Berichtsperiode darstellt, während Zeitpunkt 0 als Basisperiode genutzt wird.

10.4.2 Mengen-Indizes

Der **Mengenindex** wird dann als Maßzahl eingesetzt, wenn mengenmäßige Veränderungen über einen vorher festgelegten Zeitraum und für mehrere Produkte zu bestimmen sind. Die Berechnung erfolgt im Prinzip analog zur Berechnung bei den Preis-Indexen, wobei die Mengen zu unterschiedlichen Zeitpunkten betrachtet werden.

Auch hier können wieder drei verschiedene Index-Maße bestimmt werden. Für alle gilt, dass ein Warenkorb mit n Gütern zur Periode i berechnet werden kann, falls die Preise $p_k(i)$ und die Mengen $q_k(i)$ vorliegen.

Es gibt die Index-Berechnungen nach

Laspeyres:

$$Q^L_{0,t} = \frac{\sum_{i=1}^{n} p_0(i) \cdot q_t(i)}{\sum_{i=1}^{n} p_0(i) \cdot q_0(i)}$$

Paasche:

$$Q^P_{0,t} = \frac{\sum_{i=1}^{n} p_t(i) \cdot q_t(i)}{\sum_{i=1}^{n} p_t(i) \cdot q_0(i)}$$

Fisher:

$$Q^F_{0,t} = \sqrt{Q^L_{0t} \cdot Q^P_{0t}}$$

- Q^L wird eingesetzt, wenn zu den Preisen $p_0(1), \ldots, p_0(n)$ ein Verhältnis der Verbrauchsmengen zu bestimmen ist.
- Q^P wird hingegen genutzt, wenn zu den Preisen $p_t(1), \ldots, p_t(n)$ ein Verhältnis der Verbrauchsmengen bestimmt wird.
- Im Vergleich gilt: $Q^L_{0,t} \leq Q^F_{0,t} \leq Q^P_{0,t}$
- Zusätzlich gilt für die Beziehungen: $Q^L_{0,t}Q^P_{0,t} = Q^P_{0,t}Q^L_{0,t} = Q^F_{0,t}Q^F_{0,t} = 1$

Beispiel

Für diese Berechnung schauen wir uns als Beispiel dieses Mal die Ausgaben von Daniel zu drei verschiedenen Zeitpunkten für die drei Güter Eis, Schokolade und Gummibärchen an.

	Eis		Schokolade		Gummibärchen	
Zeit	Preis	Menge	Preis	Menge	Preis	Menge
$t = 0$	7	7	8	16	3	5
$t = 1$	8	11	9	14	7	9
$t = 2$	12	10	7	15	12	17

- Mengenindex nach Laspeyres:

$$Q_{01}^L = \frac{\sum_{i=1}^{n} p_0(i) \cdot q_1(i)}{\sum_{i=1}^{n} p_0(i) \cdot q_0(i)} = \frac{7 \cdot 11 + 8 \cdot 14 + 3 \cdot 9}{7 \cdot 7 + 8 \cdot 16 + 3 \cdot 5} = \frac{216}{192} \approx 1{,}125$$

$$Q_{02}^L = \frac{\sum_{i=1}^{n} p_0(i) \cdot q_2(i)}{\sum_{i=1}^{n} p_0(i) \cdot q_0(i)} = \frac{7 \cdot 10 + 8 \cdot 15 + 3 \cdot 17}{7 \cdot 7 + 8 \cdot 16 + 3 \cdot 5} = \frac{241}{192} \approx 1{,}2552$$

- Mengenindex nach Paasche:

$$Q_{01}^P = \frac{\sum_{i=1}^{n} p_1(i) \cdot q_1(i)}{\sum_{i=1}^{n} p_1(i) \cdot q_0(i)} = \frac{8 \cdot 11 + 9 \cdot 14 + 7 \cdot 9}{8 \cdot 7 + 9 \cdot 16 + 7 \cdot 5} = \frac{277}{235} \approx 1{,}1787$$

$$Q_{02}^P = \frac{\sum_{i=1}^{n} p_2(i) \cdot q_2(i)}{\sum_{i=1}^{n} p_2(i) \cdot q_0(i)} = \frac{12 \cdot 10 + 7 \cdot 15 + 12 \cdot 17}{12 \cdot 7 + 7 \cdot 16 + 12 \cdot 5} = \frac{429}{256} \approx 1{,}6758$$

- Mengenindex nach Fischer:

$$Q_{01}^F = \sqrt{1{,}125 \cdot 1{,}1787} \approx 1{,}1512$$
$$Q_{02}^F = \sqrt{1{,}2552 \cdot 1{,}6758} \approx 1{,}4503$$

10.4.3 Werte-Indizes

Der **Wertindex** ist eine weitere Maßzahl. Es handelt sich dabei um ein Maß, mit welchem angegeben wird, wie sich Warenkörbe zwischen zwei Zeitpunkten (Zeitpunkt 0 und Zeitpunkt *t*) verändert haben. Der Wertindex kann mit der einfachen Indexzahl W_{0t} dargestellt werden.

Vereinfacht kann angenommen werden:

$$W_{0t} = \frac{\text{Wert des Warenkorbes der Berichtsperiode zu Berichtspreisen}}{\text{Wert des Warenkorbes der Berichtsperiode zu Basispreisen}}$$

Für den Fall, dass es sich bei den Warenkörben um Umsätze von Waren handelt, lässt sich der Wertindex alternativ als $W_{0t} = \frac{\text{Umsatz in der Berichtsperiode}}{\text{Umsatz in der Basisperiode}}$ darstellen.

Die Berechnung des **Wertindex / Umsatzindex** erfolgt mit:

$$W_{0t} = \frac{\sum_{i=1}^{n} p_t(i) \cdot q_t(i)}{\sum_{i=1}^{n} p_0(i) \cdot q_0(i)} = \frac{GA_t}{GA_0}$$

Alternativ dazu kann auch der Wert / Umsatzindex erneut als gewichtetes arithmetisches Mittel mit Hilfe von

$$W_{0t} = \sum_{i=1}^{n} g(i) \cdot \frac{p_t(i) \cdot q_t(i)}{p_0(i) \cdot q_0(i)}$$

bestimmt werden, wobei...

- $\frac{p_t(i) \cdot q_t(i)}{p_0(i) \cdot q_0(i)}$ die Messzahl darstellt
- $g(i) = \frac{p_0(i) \cdot q_0(i)}{\sum_{i=1}^{n} p_0(i) \cdot q_0(i)}$ die Gewichte angibt
- Es gilt: $W_{0t} = Q_{0t}^L P_{0t}^P = Q_{0t}^P P_{0t}^L = Q_{0t}^F P_{0t}^F$

10.4.4 Index-Kriterien

Die **Indexkriterien** stellen ein formales Kriterium dar. Wenn die berechnete Indexzahl dieses Kriterium erfüllt, so erscheint sie im Vergleich zu anderen Maßzahlen geeigneter.

Eine zusammengesetzte Indexzahl kann immer nur dann verkettet werden, wenn für drei Zeitpunkte $k, l, t \in \{0, \ldots, T\}$ $I_{kt} = I_{kl} I_{lt}$ gilt. Weiterhin gilt, dass vor allem aus der Möglichkeit der Verkettung eine Zeitumkehrbarkeit möglich ist. Für diese gilt dann: $I_{kl} = \frac{1}{I_{lk}}$

Unter der Voraussetzung, dass eine berechnete Indexzahl I_{0t} die Rundprobe erfüllt, so gilt zudem automatisch, dass die Zeitumkehr: $I_{0t} = I_{0k} I_{kt} \Rightarrow I_{0t} = \frac{1}{I_{t0}}$ erfüllt ist.

Unter der Bedingung, dass sich der berechnete Wertindex als Produkt aus Mengenindex und dem entsprechend dazugehörigen Preisindex bestimmen lässt, gilt zudem die **Faktorumkehrbarkeit**.

Von den in diesem Buch betrachteten Indexmaßen erfüllt diese Bedingung nur der Fisher-Index. Entsprechend wird dieser Index auch als **Idealindex** bezeichnet.

10.5 Aufgaben

A-10.1 Das Unternehmen „Mr. & Mrs." hat für die Jahre 2016 bis 2019 bereits einige Indizes berechnet. Dabei haben die Inhaber das Jahr 2016 als Basisjahr angesehen. Ihnen fehlen aber noch die Mengen-Indizes für die Jahre 2017 bis 2019. Bitte hilf den beiden und berechne sie.

Jahr	**Preisindex nach Laspeyres**	**Wertindex**
2016	1	1
2017	1,05	1,03
2018	1,18	1,11
2019	1,24	1,20

A-10.2 In der nachfolgenden Tabelle sind die Preisentwicklung und Mengenabnahme über 3 verschiedene Zeitpunkte niedergeschrieben. Die Preise sind dabei in Euro angegeben.

	Pizza		Hamburger		Sushi	
Zeit	Preis	Menge	Preis	Menge	Preis	Menge
$t = 0$	33	3	36	4	12	1
$t = 1$	8	6	12	15	6	10
$t = 2$	4	21	3	16	7	34

a) Berechne zu den Berichtsperioden t = 1 und t = 2 den Preisindex und Mengenindex nach Paasche, Laspeyeres und Fischer.

b) Berechne zu den Zeitpunkten t = 1 und t = 2 den Wertindex.

A-10.3 Ein Landwirtschaftsunternehmen kauft zu 3 verschiedenen Zeitpunkten denselben Warenkorb aus 3 Artikeln ein. Es handelt sich um die Waren: Dünger, Spritzmittel und Saatgut. In Periode 0 wurden 50 % der Gesamtausgaben für Saatgut ausgegeben und jeweils 25% für Dünger und Spritzmittel.

Aus den Zahlen ihrer Ausgaben können sie entnehmen, dass die Ausgaben von Periode 0 zu 1 gemäß dem Preisindex von Laspeyres um 35% angestiegen sind. Nun steigen die Preise von Periode 1 zu 2 alle um 40 %.

a) Berechne den Preisanstieg nach Laspeyres von Periode 0 zu Periode 2.

b) Wenn der Preis für Saatgut von Periode 0 zu Periode 1 um 15 % ansteigen würde und der Preis für Dünger gleich bleibt, ergibt sich für das Spritzmittel eine Preisveränderung in unbekannter Höhe in Periode 1. Berechne diese.

11 Wahrscheinlichkeitsrechnung

11.1 Grundbegriffe der Wahrscheinlichkeitstheorie

Ein **Zufallsexperiment** ist ein Vorgang bei dem mehrere Ergebnisse eintreten können, welche vorher bekannt sind. Welches Ergebnis eintritt ist nicht vorhersagbar und tritt daher zufällig ein. Das Zufallsexperiment findet unter geplanten und kontrollierten Bedingungen statt und ist unter den gleichen Bedingungen immer wiederholbar.

Grundlagen

Ein **Elementarereignis** $\{\omega\}$ ist ein Ergebnis des Experimentes. Pro Durchgang des Experimentes tritt genau **ein** Elementarereignis ein. Es ist nicht weiter zerlegbar. Zusätzlich können sich gewisse Elementarereignisse ausschließen.

Der **Ergebnisraum** erfasst die Menge aller potentiellen Elementarereignisse $\Omega = \{\omega_1, \dots, \omega_n\}$.

Die Anzahl aller möglichen Ergebnisse im Ergebnisraum heißt die **Mächtigkeit** $|\Omega|$.

Bei einem **Ereignis** A handelt es sich um ein mögliches Ergebnis des durchgeführten Zufallsexperimentes. Dabei handelt es sich um eine beliebige Teilmenge des Ergebnisraums. A ist Teilmenge von Omega: $A \subseteq \Omega$.

Die Menge aller möglichen Ereignisse heißt dann **Ereignisraum** $P(A)$.

Beispiel

Wir betrachten das Werfen eines fairen Würfels.

- Elementarereignisse: $\{1\}, \{2\}, \{3\}, \{4\}, \{5\}, \{6\}$
- Ergebnismenge: $\Omega = \{1, 2, 3, 4, 5, 6\}$
- Ereignis A = "gerade Augenzahl", also $A = \{2, 4, 6\}$

Weitere typische Beispiele:

- Ziehung der Lottozahlen
- Ziehen von Kugeln aus einer Urne
- Münzwurf

11.1.1 Besondere Ereignisse

Bei besonderen Ereignissen handelt es sich um Ereignisse, welche sicher auftreten. Dabei können zwei verschiedene Fälle eintreten:

- **sicheres Ereignis**
  Es gilt: $\Omega \subset \Omega$. Es handelt sich um ein sicheres Ereignis, weil alle Ereignisse in Ω enthalten sind.
- **unmögliches Ereignis**
  Es gilt: $\varnothing \subset \Omega$. Es handelt sich um ein unmögliches Ereignis, weil kein Ereignis in Ω enthalten ist, z. B. bei einem Münzwurf das „Werfen der Farbe blau".

11.1.2 Venn-Diagramm

Venn-Diagramme

In **Venn-Diagrammen** werden Ereignisse und ihre mögliche Kombination, wie z. B. ihre Schnittmenge veranschaulicht.

Ereignisse lassen sich unterschiedlich miteinander kombinieren, die häufigsten Kombinationen werden nachfolgend an zwei Ereignissen A und B dargestellt. Dies lässt sich auf noch mehr Ereignisse erweitern.

Vereinigung
A oder B: $A \cup B$

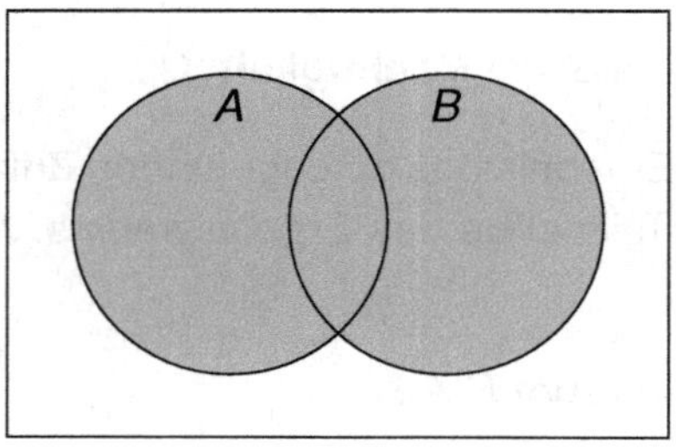

Durchschnitt
A und B: $A \cap B$

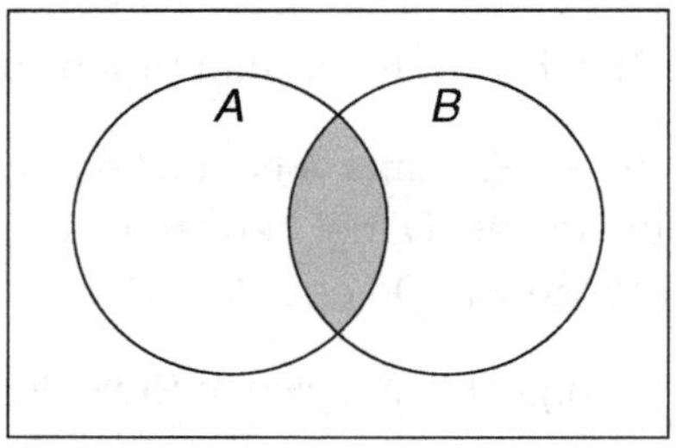

Differenz
A, aber nicht B: $A \setminus B$

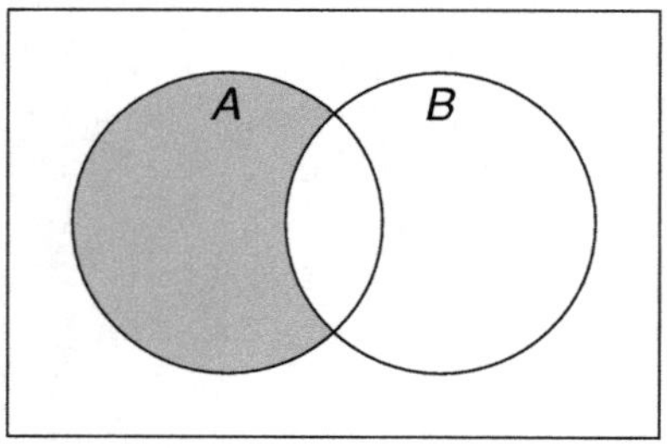

Komplementär
Nicht in A und B: $\overline{A \cap B}$

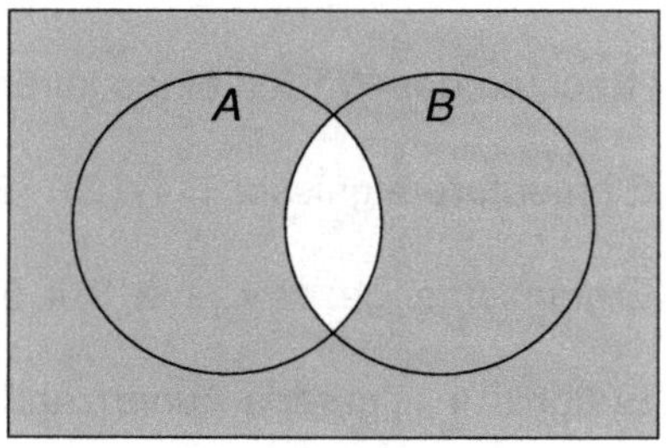

Symmetrische Differenz
Entweder A oder B:
$A \triangle B = (A \cup B) \setminus (A \cap B)$

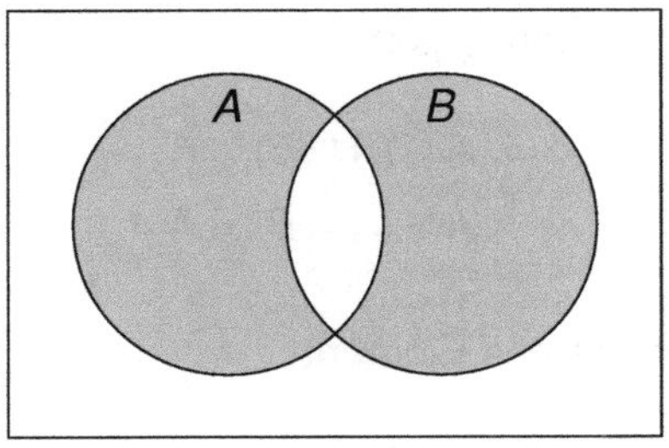

disjunkte Ereignisse
A und B haben kein gemeinsames Ereignis:
$A \cup B = \emptyset$

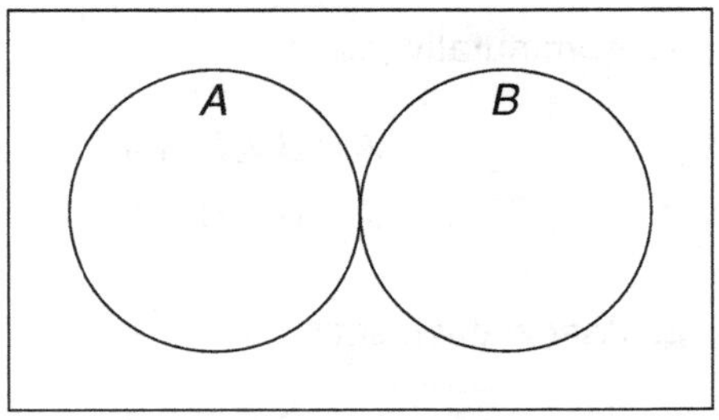

Beispiel

Uns liegen vier verschiedene Ereignismengen vor mit $\Omega = \{1, 2, \dots, 7\}$.

$$A = \{1, 2, 3\} \quad B = \{3, 4, 5\} \quad C = \{6, 7\} \quad D = \{1\}$$

Damit können wir die verschiedenen Kombinationen der Verknüpfungen nachvollziehen:

Ereignis	**Formel**	**Beispiel**
Vereinigung	$A \cup B$	{1,2,3,4,5}
Durchschnitt	$A \cap B$	{3}
Differenz	$A \setminus B$	{1,2}
Komplementär	$\overline{A \setminus B}$	{3,4,5}
Symmetrische Differenz	$A \triangle B$	{1,2,4,5}
Disjunkte Ereignisse	$A \cup C$	{} = ∅
Teilmenge	$D \subset A$	{1}

11.1.3 Verknüpfungsgesetze

Zum Verknüpfen von Ereignissen kommen nachfolgende Gesetze zum Einsatz:

1. Kommutativgesetz

$$A \cap B = B \cap A$$
$$A \cup B = B \cup A$$

2. Assoziativgesetz

$$(A \cap B) \cap C = A \cap (B \cap C)$$
$$(A \cup B) \cup C = A \cup (B \cup C)$$

3. Distributivgesetz

$$A \cap (B \cup C) = (A \cap B) \cup (A \cap C)$$
$$A \cup (B \cap C) = (A \cup B) \cap (A \cup C)$$

4. De Morgansche Regeln

$$\overline{A \cap B} = \overline{A} \cup \overline{B}$$
$$\overline{A \cup B} = \overline{A} \cap \overline{B}$$

5. Idempotenzgesetz

$$A \cap A = A$$
$$A \cup A = A$$

6. Absorptionsgesetz

$$A \cap (A \cup B) = A$$
$$A \cup (A \cap B) = A$$

7. Dominantes Element

$$A \cap \emptyset = \emptyset$$
$$A \cup \Omega = \Omega$$

8. Neutrales Element

$$A \cap \Omega = A$$
$$A \cup \emptyset = A$$

9. Komplement

$A \cap \overline{A} = \emptyset$ **disjunkte Ereignisse**

$A \cup \overline{A} = \Omega$ **Zerlegung**

10. Doppeltes Komplement

$$\overline{\overline{A}} = A$$

11.2 Klassische Wahrscheinlichkeit

11.2.1 Grundlagen

Kolmogorov

Es lässt sich bei einem Zufallsexperiment nie voraussagen, welches Ereignis tatsächlich eintritt. Jedoch ist es möglich, die Wahrscheinlichkeiten für den Eintritt von Ereignissen zu bestimmen.

Eine Funktion P, die jedem Ereignis $A \in P(\Omega)$ eine Wahrscheinlichkeit $P(A)$ zuweist, heißt **Wahrscheinlichkeitsverteilung** über Ω, wenn die drei Gesetze nach Kolmogorov gelten.

Nichtnegativität: $P(A) \geq 0$

Normiertheit: $P(\Omega) = 1$

Additivität: $P(A \cup B) = P(A) + P(B)$, falls $A \cap B = \emptyset$

Eigenschaften

- Beziehungen
  - $P(\overline{A}) = 1 - P(A)$
  - $P(\varnothing)=0$
  - $0 \leq P(A) \leq 1$
  - $P(A) \leq$ P(B), falls A $\subset$ B
- Addition
  - $P(A \cup B) = P(A) + P(B) - P(A \cap B)$
  - $P(A \cup B \cup C) = P(A) + P(B) + P(C) - P(A \cap B) - P(B \cap C) - P(A \cap C) + P(A \cap B \cap C)$
- paarweise disjunkte A, B, C
  - $P(A \cup B \cup C) = P(A) + P(B) + P(C) = P(A \cup B) + P(C)$
- Differenzen
  - $P(A \backslash B) = P(A) - P(A \cap B)$
  - $P(A \backslash B) = P(A) - P(B)$, falls $B \subset A$

11.3 Baumdiagramm

Bei einem mehrfach durchgeführten Experiment sprechen wir von einem **mehrstufigen Zufallsexperiment**. Dieses mehrstufige Zufallsexperiment lässt sich als **Baumdiagramm** grafisch darstellen.

Baumdiagramm, ohne Zurücklegen

An den Knotenpunkten stehen dabei die möglichen Ereignisse von denen Äste abgehen. An den Ästen, die zu den jeweiligen Knoten hinführen, stehen dabei die Wahrscheinlichkeiten, mit denen das Ereignis, welches am Knoten steht, eintritt. Ein Pfad im Baum ist dabei ein Elementarereignis. Für die Berechnung der Ereignisse helfen die Pfadregeln.

11.3.1 Pfadregeln

Die Summe aller Wahrscheinlichkeiten, die als Äste von einem Knoten ausgehen, ist 1.

Pfadregeln

Die **1. Pfadregel** liefert die Wahrscheinlichkeit für ein Elementarereignis. Um die Wahrscheinlichkeit dafür zu berechnen, müssen die Wahrscheinlichkeiten der einzelnen Äste, die zu dem Elementarereignis führen, miteinander multipliziert werden. Es ist das Produkt der Wahrscheinlichkeiten auf dem Pfad.

Die **2. Pfadregel** liefert die Wahrscheinlichkeit für ein Ereignis. Um die Wahrscheinlichkeit dafür zu berechnen, müssen die Wahrscheinlichkeiten aller Pfade, die zu diesem Ereignis führen, aufsummiert werden.

Vorgehen

1. und 2. Pfadregel

Wahrscheinlichkeit einzelner Ereignisse bestimmen:

- Zeichnen eines Baumdiagramms
- Pfadregel anwenden

Für den Fall, dass lediglich die Wahrscheinlichkeit von einem einzelnen Ereignis bestimmt werden soll, reicht es aus, wenn...

- nur der Pfad gezeichnet wird, der benötigt wird
- im Anschluss die Pfadregel angewandt wird

Sollen die Wahrscheinlichkeiten für mehrere Ereignisse bestimmt werden, sind entsprechend...

- die Pfade zu zeichnen, die benötigt werden
- im Anschluss ist Pfadregel anzuwenden
- die Wahrscheinlichkeiten der einzelnen Pfade zu addieren

Auf dem Pfad wird immer multipliziert, die Wahrscheinlichkeiten mehrerer Ereignisse hingegen immer addiert.

Beispiel

A = Genau eine 6 bei zweimaligem Werfen eines fairen Würfels.

Bei einem fairen Würfel ist die Wahrscheinlichkeit für jede der sechs Seiten gleich hoch, also $\frac{1}{6}$. Da uns nur die 6 interessiert, ist die Wahrscheinlichkeit eine 6 in einem Wurf zu würfeln $\frac{1}{6}$. Die Gegenwahrscheinlichkeit, also die Wahrscheinlichkeit keine 6 zu würfeln, beträgt demnach $\frac{5}{6}$. Damit lässt sich das Baumdiagramm erstellen.

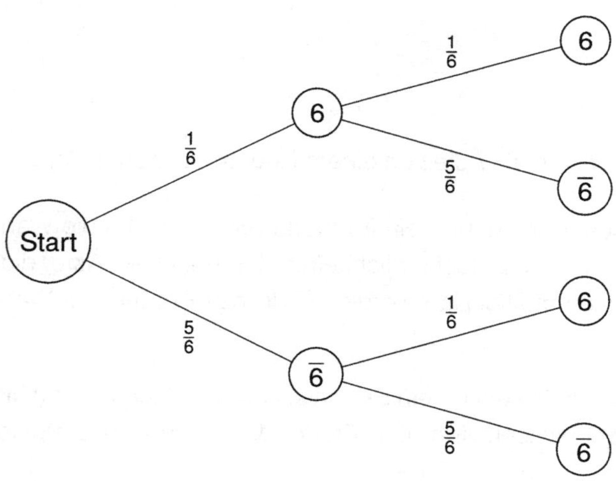

$P(6 \cap 6) = \frac{1}{6} \cdot \frac{1}{6} = \frac{1}{36}$

$P(6 \cap \overline{6}) = \frac{1}{6} \cdot \frac{5}{6} = \frac{5}{36}$

$P(\overline{6} \cap 6) = \frac{5}{6} \cdot \frac{1}{6} = \frac{5}{36}$

$P(\overline{6} \cap \overline{6}) = \frac{5}{6} \cdot \frac{5}{6} = \frac{25}{36}$

Anwendung der **1. Pfadregel**:

$$P(\{6,\overline{6}\}) = \frac{1}{6} \cdot \frac{5}{6} = \frac{5}{36} \quad \text{und} \quad P(\{\overline{6},6\}) = \frac{5}{6} \cdot \frac{1}{6} = \frac{5}{36}$$

Anwendung der **2. Pfadregel**:

$$P(A) = P(\{6,\overline{6}\}) + P(\{\overline{6},6\}) = \frac{5}{36} + \frac{5}{36} = \frac{10}{36} = \frac{5}{18} = 0{,}2778$$

Die Wahrscheinlichkeit genau eine 6 bei zweimaligem Würfeln zu werfen, beträgt 27,78%.

11.4 Kombinatorik

Bei der Kombinatorik sind drei grundlegende und entscheidende Fragen zu beantworten, bevor mit der Berechnung begonnen wird.

Einleitung

- Wird eine Stichprobe der Grundmenge gezogen oder alle Elemente berücksichtigt?
- Spielt die Anordnung bzw. Reihenfolge für das Ergebnis eine Rolle ?
- Finden Wiederholungen statt bzw. gibt es ein Zurücklegen von Elementen?

In Abhängigkeit der Beantwortung der drei Fragen kommen verschiedene Berechnungsmöglichkeiten in Frage.

Bei **Permutationen** werden alle *n* Objekte betrachtet und in eine Reihenfolge gebracht. Wie viele Möglichkeiten es dafür gibt, hängt davon ab, ob Objekte wiederholt genutzt werden dürfen oder nicht.

Übersicht

Bei **Variationen** oder ***k*-Tupel** werden *k* Elemente ausgewählt und in eine Reihenfolge gebracht. Werden die *k* Elemente nur einmal verwendet, so entspricht dies auch dem „Ziehen ohne Zurücklegen". Dürfen auch Wiederholungen eintreten, so entspricht dies dem „Ziehen mit Zurücklegen".

Bei den **Kombinationen** oder ***k*-Mengen** spielt die Reihenfolge in der die Elemente gezogen werden keine Rolle.

Unterschied Mengen - Tupel

	Permutation	**Variation**	**Kombination**
ohne Wiederholung	$n!$	$\frac{n!}{(n-k)!}$	$\binom{n}{k}$
mit Wiederholung	$\frac{n!}{n_1!\cdot n_2!\cdot\ldots\cdot n_i!}$	n^k	$\binom{n+k-1}{k}$

mit dem **Binomialkoeffizienten**: $\binom{n}{k} = \frac{n!}{k!\cdot(n-k)!}$

11.4.1 Laplace-Wahrscheinlichkeiten

Laplace

Bei der **Laplace-Wahrscheinlichkeit** wird angenommen, dass jedes Elementarereignis die gleiche Wahrscheinlichkeit hat. Somit gilt:

$$P(\{\omega_i\}) = \frac{1}{n} \quad \text{und} \quad P(A) = \frac{|A|}{|\Omega|} = \frac{\text{Anzahl günstiger Ereignisse}}{\text{Anzahl aller möglichen Ereignisse}}$$

11.5 Urnenmodelle

Das Urnenmodell ist eines der wichtigsten Zufallsexperimente, weil sich viele Aufgaben auf ein Urnenmodell zurückführen lassen.

11.5.1 Ziehen ohne Zurücklegen

Hypergeometrische Verteilung

In einer Urne befinden sich N Kugeln, von denen K Kugeln blau sind. Nun werden n Kugeln **ohne Zurücklegen** gezogen, dann gilt für die Anzahl Z der blauen gezogenen Kugeln:

$$P(Z = k) = \frac{\binom{K}{k} \cdot \binom{N-K}{n-k}}{\binom{N}{n}}$$

Dabei gilt $k \leq n$.

11.5.2 Ziehen mit Zurücklegen

Binomialverteilung

In einer Urne befinden sich N Kugeln, von denen K Kugeln blau sind. Der Anteil der blauen Kugeln an der Gesamtkugelanzahl beträgt $\frac{K}{N} =: p$. Werden nun aus dieser Urne n Kugeln **mit Zurücklegen** gezogen, dann gilt für die Anzahl Z der blauen gezogenen Kugeln:

$$P(Z = k) = \binom{n}{k} \cdot p^k \cdot (1-p)^{n-k}$$

Dabei gilt $k \leq n$.

11.6 Bedingte Wahrscheinlichkeit

Die Wahrscheinlichkeit für ein Ereignis kann sich ändern, wenn bereits zuvor ein anderes Ereignis eingetreten ist.

Bedingte Wahrscheinlichkeit

Unter der Voraussetzung, dass wir wissen, dass ein Ereignis B bereits eingetreten ist, lässt sich die Wahrscheinlichkeit für ein Ereignis A berechnen. In diesem Fall wird von der **bedingten Wahrscheinlichkeit** gesprochen. Vereinfacht ausgedrückt lässt sich schreiben:

$$P(\text{was suchen wir} \mid \text{was wissen wir})$$

$P_B(A)$ oder $P(A|B)$ ist die Wahrscheinlichkeit von A unter der Bedingung, dass B eingetreten ist.

$$P(A|B) = \frac{P(A \cap B)}{P(B)}$$

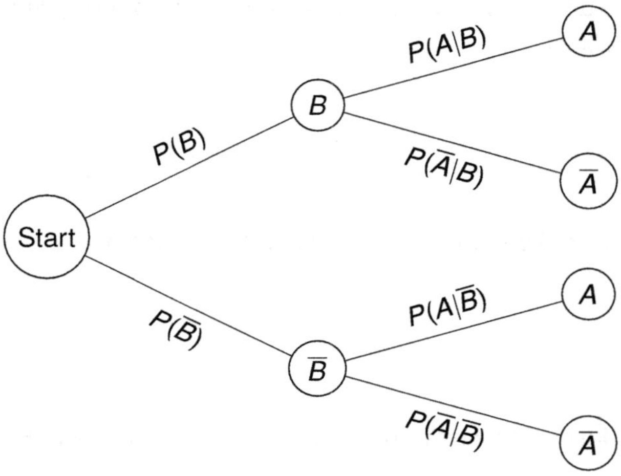

$P(A \cap B) = P(B) \cdot P(A|B)$

$P(\overline{A} \cap B) = P(B) \cdot P(\overline{A}|B)$

$P(A \cap \overline{B}) = P(\overline{B}) \cdot P(A|\overline{B})$

$P(\overline{A} \cap \overline{B}) = P(\overline{B}) \cdot P(\overline{A}|\overline{B})$

Beispiel

Wir schauen uns zur Verdeutlichung einmal eine Urne an. In dieser befinden sich 10 durchnummerierte Kugeln von 1 bis 10. Wenn bekannt ist, dass eine Zahl gezogen wurde, die ungerade ist, so beträgt die Wahrscheinlichkeit dafür, dass die 5 gezogen wurde 0,2.

$$P(A = 5|B = \text{ungerade}) = \frac{P(A = 5 \cap B = \text{ungerade})}{P(B = \text{ungerade})} = \frac{\frac{1}{10} \cdot 1}{\frac{5}{10}} = \frac{1}{5}$$

11.6.1 Rechenregeln

Zum Rechnen mit bedingten Wahrscheinlichkeiten stehen die nachfolgenden Rechenregeln zur Verfügung.

- $P(A|\Omega) = P(A)$
- $P(A|B) = 1$, wenn $B \subset A$
- $P(A \cap B) = P(A|B) \cdot P(B)$, falls $P(B) > 0$
- $P(A \cap B) = P(B|A) \cdot P(A)$, falls $P(A) > 0$
- $P(A \cap B \cap C) = P(A|B \cap C) \cdot P(B|C) \cdot P(C)$, falls $P(B \cap C) > 0$

11.6.2 Unabhängigkeit

Zwei Ereignisse sind voneinander unabhängig, wenn das Eintreten von einem Ereignis, das Eintreten des anderen nicht beeinflusst.

Stochastische Unabhängigkeit

> Zwei Ereignisse A und B mit $P(A) > 0$ und $P(B) > 0$ sind voneinander **unabhängig**, wenn eine der nachfolgenden Bedingungen erfüllt ist.
>
> 1. $P(A|B) = P(A)$
> 2. $P(A \cap B) = P(A) \cdot P(B)$
>
> Gelten diese Bedingungen nicht, so sind die Ereignisse stochastisch abhängig.

11.6.3 Totale Wahrscheinlichkeit

Aus der bedingten Wahrscheinlichkeit lässt sich wieder die Wahrscheinlichkeit für ein Ereignis B berechnen.

> Die **totale Wahrscheinlichkeit** kann mit Hilfe von
>
> $$P(B) = \sum_{i=1}^{n} P(B|A_i) \cdot P(A_j)$$
>
> berechnet werden.

Voraussetzung dafür ist, dass die Wahrscheinlichkeit $P(A_i)$ sowie die bedingte Wahrscheinlichkeit $P(B|A_j)$ bekannt sind.

11.6.4 Satz von Bayes

Der Satz von Bayes erläutert den Zusammenhang zwischen den bedingten Wahrscheinlichkeiten $P(A|B)$ und $P(B|A)$. Im Baumdiagramm zeigt sich der umgekehrte Ablauf der beiden Wahrscheinlichkeiten.

Satz von Bayes

> Der **Satz von Bayes** lautet:
>
> $$P(A|B) = \frac{P(B|A) \cdot P(A)}{P(B)}$$
>
> wobei die totale Wahrscheinlichkeit im Nenner steht.

11.7 Aufgaben

A-11.1 Das vorliegende Glücksrad hat 8 gleichgroße Sektoren. Diese sind mit unterschiedlichen Ziffern beschriftet.

a) Bestimme die Wahrscheinlichkeit, dass das Glücksrad auf den einzelnen Ziffern 1, 2, 3 bei einmaligem Drehen stehen bleibt.

b) Das Glücksrad wird zwei Mal hintereinander gedreht. Bestimme die Wahrscheinlichkeit, dass 2 Mal hintereinander die gleiche Zahl gedreht wird.

c) Das Glücksrad wird 4 Mal in Folge gedreht, bestimme die Wahrscheinlichkeit für die Zahlenfolge: 3, 1, 1, 3.

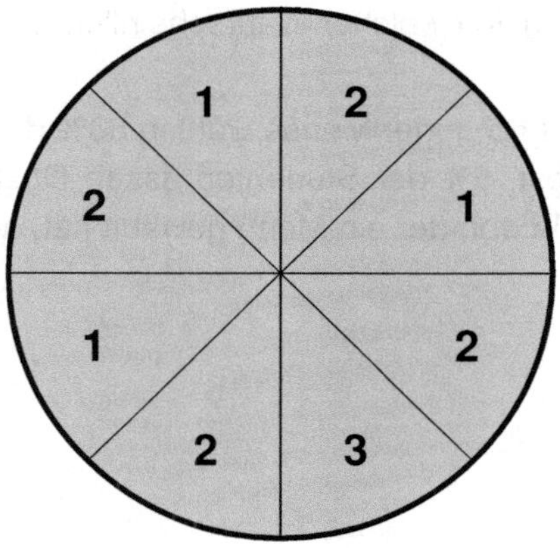

A-11.2 Weniger Schulschwänzer in Ostdeutschland. 80,9% der deutschen Bevölkerung leben in Westdeutschland. Während im Westen der Anteil der Schulschwänzer 10,9% beträgt, sind es im Osten nur 1,7%.

a) Wie hoch ist die Wahrscheinlichkeit bei einer zufälligen Stichprobe unter den Schulschwänzern eine Person zu treffen, die aus Westdeutschland kommt?

b) Wie große ist die Wahrscheinlichkeit bei einer zufälligen Stichprobe unter den Nicht-Schulschwänzern eine Person zu treffen, die aus Ostdeutschland kommt?

A-11.3 Gemischte Aufgaben zur Kombinatorik:

a) Lisa hat ihren vierstelligen Pin der EC-Karte vergessen. Sie weiß nur noch, dass die 0 nicht dabei ist und es alles ungerade Ziffern sind, d. h. die 1, 3, 5, 7 und 9. Wie viele Pinnummern gibt es, die passen könnten? Wie viele Kombinationen gibt es, wenn Lisa herausfindet, dass die 1 dreimal vorkommt und die 7 einmal?

b) Der Tresor der Firma lässt sich nicht mehr öffnen, weil du die Kombination vergessen hast. Bekannt ist, dass es sich um einen 8-Stelligen Code handelt, in welchem auch Zahlen mehrfach vorkommen können. Wie viele Möglichkeiten gibt es nun?

c) Beim Eurojackpot werden im ersten Teil 5 aus 50 Kugeln gezogen, im zweiten Teil 2 aus 10 Kugeln. Die einzelnen Teile sind dabei unabhängig. Wie viele Möglichkeiten stehen in den einzelnen Teilen zur Verfügung?

d) Heute schreiben 8 Studierende eine Prüfung und ihnen stehen insgesamt 16 mögliche Sitzplätze in einer Reihe zur Verfügung. Wie viele Möglichkeiten gäbe es für die Anordnung der freien Sitzplätze, wenn nicht zwischen jedem Studierenden ein Platz frei bleiben muss?

A-11.4 In einer Urne befinden sich 14 weiße und 6 schwarze Kugeln. Es werden zufällig 8 Kugeln ohne Zurücklegen gezogen.

a) Mit welcher Wahrscheinlichkeit sind genau drei Kugeln schwarz?

b) Mit welcher Wahrscheinlichkeit ist mindestens eine Kugel schwarz?

A-11.5 In der Mensa wählen 80% der Studenten ein Menü und 35% der Studenten essen keinen Obst. 5% der Studenten essen Obst aber kein Menü. Wie ist die Wahrscheinlichkeit, dass ein Student, der ein Menü gewählt hat, auch Obst isst?

A Lösungen

zu Kap. 1: Grundlagen

zu A-1.1

Merkmal	**disk.**	**stet.**	**qualit.**	**quantit.**	**nomi.**	**ordi.**	**metri.**
Körpergröße		×		×			×
Studiengang	×		×		×		
Wohnungsmiete in Euro		×		×			×
Wochentag	×		×		×		
Lernaufwand der letzten Woche in h		×		×			×
Schulnoten (1, ... 6)	×			×		×	
Anzahl der eigenen Haustiere	×			×			×
Augenfarbe	×		×		×		
Entfernung Wohnung - Uni		×		×			×
Außentemperatur in °C		×		×			×

zu A-1.2

Merkmal	**Intervall**	**Verhältnis**	**Absolut**
Anzahl der eigenen Handys			×
Wohnungsgröße in m^2		×	
Miete pro m^2		×	
Durchschnittstemperatur in °C	×		
Anzahl der Mitbewohner			×

zu Kap. 2: Häufigkeiten

zu A-2.1

a) Anteile

- $f(a_j) = \frac{33224}{51236} = 0{,}064845031 \approx 0{,}6485 \Rightarrow$ A.: 64,85% der Wahlberechtigten sind zur Wahl gegangen.
- $f(a_j) = \frac{3482}{51236} = 0{,}06796003 \approx 0{,}0679 \Rightarrow$ A.: 6,79% der Stimmen sind ungültig.

b) Darstellung

- Für das Kreisdiagramm benötigen wir zunächst die relativen Häufigkeiten $f(a_j)$ und den zugehörigen Anteil der Ausprägung an der Kreisfläche α_{a_j}.

Medizin	$\frac{3.266}{29.742} \cdot 360^\circ = 39{,}531975^\circ \approx 39{,}5^\circ$
Jura	$\frac{4.599}{29.742} \cdot 360^\circ = 55{,}6667339^\circ \approx 55{,}7^\circ$
WIWI	$\frac{5.671}{29.742} \cdot 360^\circ = 68{,}642324^\circ \approx 68{,}6^\circ$
Biologie	$\frac{1.208}{29.742} \cdot 360^\circ = 14{,}621747^\circ \approx 14{,}6^\circ$
Sport	$\frac{3.102}{29.742} \cdot 360^\circ = 37{,}5469034^\circ \approx 37{,}5^\circ$
Psychologie	$\frac{5.983}{29.742} \cdot 360^\circ = 72{,}4188017^\circ \approx 72{,}4^\circ$
Mathe	$\frac{3.048}{29.742} \cdot 360^\circ = 36{,}95540886^\circ \approx 36{,}9^\circ$
Physik	$\frac{2.865}{29.742} \cdot 360^\circ = 34{,}6782328^\circ \approx 34{,}7^\circ$

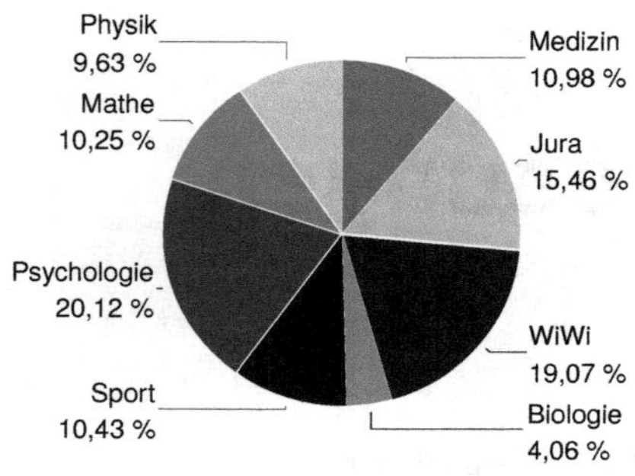

- Für das Säulendiagramm tragen wir auf der x-Achse die Fachschaften und auf der y-Achse die Anzahl der Stimmen ab. Wir müssen keine vorherigen Berechnungen durchführen und können direkt das Diagramm erstellen:

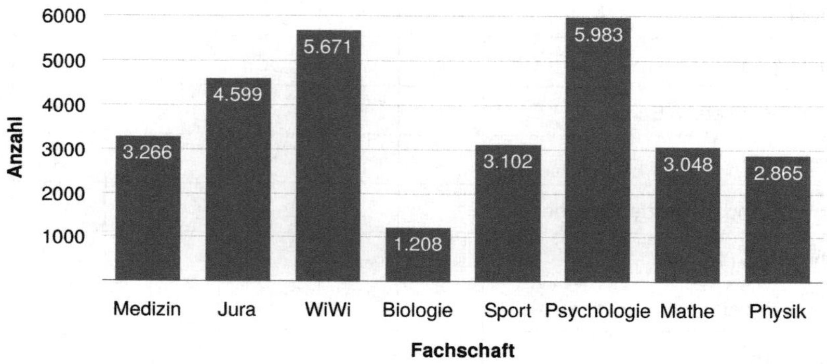

zu A-2.2

a) Tabelle mit absoluten und relativen Häufigkeiten

Monat	**absolute Häufigkeit**	**relative Häufigkeit**
Januar	1	$\frac{1}{15}$
Februar	1	$\frac{1}{15}$
März	2	$\frac{2}{15}$
April	1	$\frac{1}{15}$
Juni	2	$\frac{2}{15}$
Juli	3	$\frac{3}{15}$
August	1	$\frac{1}{15}$
November	1	$\frac{1}{15}$
Dezember	3	$\frac{3}{15}$
Summe	**15**	**1**

b) Die in a) dargestellten Häufigkeiten tragen wir in ein Balkendiagramm ein.

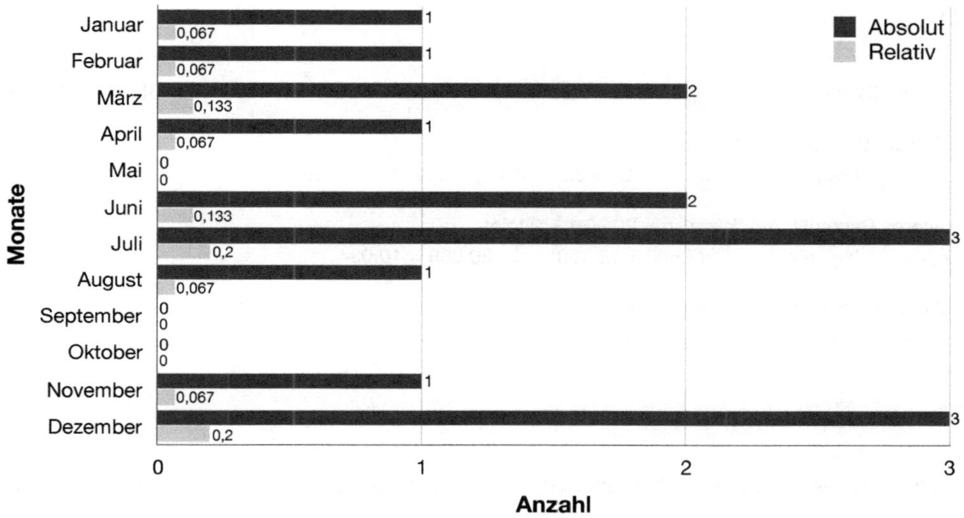

zu A-2.3

a) Für die Klassenbildung berechnen wir zunächst über $\sqrt{n}$ die Anzahl der Klassen. Da 16 Daten vorliegen, folgt $\sqrt{n} = \sqrt{16} = 4$ Klassen. In der folgenden Tabelle sind die erforderlichen Daten übersichtlich dargestellt.

Klassengrenzen	Klassenmitte	absolute Häufigkeit	relative Häufigkeit
(300;350]	325	3	$\frac{3}{16}$
(350;400]	375	2	$\frac{2}{16}$
(400;450]	425	6	$\frac{6}{16}$
(450;500]	475	5	$\frac{5}{16}$

b) Histogramm:

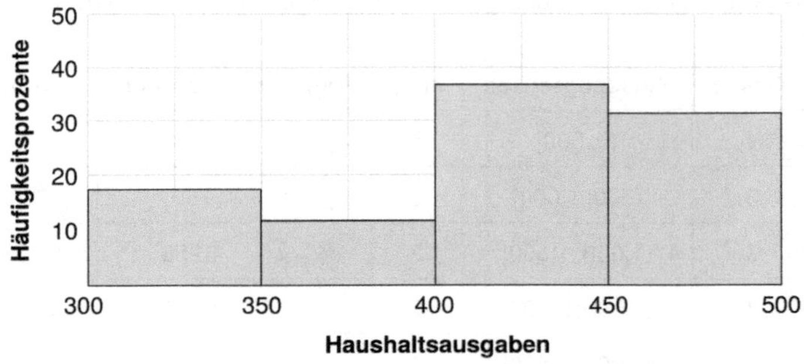

c) Kilometer in Klassen eingeteilt:

Klassengrenzen	Klassenmitte	absolute Häufigkeit	relative Häufigkeit
(0;5]	2,5	3	$\frac{3}{16}$
(5;10]	7,5	6	$\frac{6}{16}$
(10;15]	12,5	5	$\frac{5}{16}$
(15;20]	17,5	2	$\frac{2}{16}$

zu Kap. 3: Lagemaße

zu A-3.1

- Arithmetisches Mittel: $\bar{x} = \frac{1}{20} \cdot (7.388 + 7.608 + 12.460 + \ldots + 41.067 + 41.457 + 43.188) = \frac{1}{20} \cdot 509.288 = 25.464{,}4$
- Median: Da n gerade ist folgt
  $\tilde{x}_{0,5} = \frac{1}{2} \cdot \left(x_{(10)} + x_{(11)}\right) = \frac{1}{2} \cdot (24.438 + 25.040) = \frac{1}{2} \cdot 49.478 = 24.739$
- unteres Perzentil: Aus $k = n \cdot p = 20 \cdot 0{,}1 = 2$ folgt
  $x_{0,1} = \frac{1}{2} \cdot \left(x_{(2)} + x_{(3)}\right) = \frac{1}{2} \cdot (7.608 + 12.460) = \frac{1}{2} \cdot 20.068 = 10.034$
- oberes Perzentil: Aus $k = n \cdot p = 20 \cdot 0{,}9 = 18$ folgt
  $x_{0,9} = \frac{1}{2} \cdot \left(x_{(18)} + x_{(19)}\right) = \frac{1}{2} \cdot (41.067 + 41.457) = \frac{1}{2} \cdot 82.524 = 41.262$

zu A-3.2

a) Arithmetisches Mittel: $\bar{x} = \frac{1}{36} \cdot (88 + 22 + 299 + \ldots + 3.611 + 3.752 + 3.949) = \frac{1}{36} \cdot 70.490 = 2.039{,}42$

b) Wir nehmen wie vorgegeben die Einteilung in 8 Klassen vor und berechnen die gewünschten Werte.

Klasse	Klassengrenzen	Datenwerte	$\bar{x}$	$h(a_j)$
1	(0; 500]	88, 222, 299, 412, 441	$\frac{1}{5} \cdot 1.462 = 292{,}4$	5
2	(500; 1.000]	617, 807, 841, 861, 880, 892	$\frac{1}{6} \cdot 4.898 = 816{,}\overline{3}$	6
3	(1.000; 1.500]	1.004, 1.497	$\frac{1}{2} \cdot 2.501 = 1.250{,}5$	2
4	(1.500; 2.000]	1.654, 1.692, 1.852, 1.906, 1.910	$\frac{1}{5} \cdot 9.014 = 1.802{,}8$	5
5	(2.000; 2.500]	2.251, 2.288, 2.327, 2.415	$\frac{1}{4} \cdot 9.281 = 2.320{,}25$	4
6	(2.500; 3.000]	2.691, 2.818, 2.952	$\frac{1}{3} \cdot 8.461 = 2.820{,}\overline{3}$	3
7	(3.000; 3.500]	3.016, 3.042, 3.232, 3.272, 3.303, 3.469	$\frac{1}{6} \cdot 19.334 = 3.222{,}\overline{3}$	6
8	(3.500; 4.000]	3.554, 3.602, 3.611, 3.752, 3.949	$\frac{1}{5} \cdot 18.468 = 3.693{,}6$	5

c) Wenn die Klasseneinteilung aus b) nur mit absoluten und relativen Häufigkeiten vorliegt:

Klasse	Klassengrenzen	$h(a_j)$	$f(a_j)$	Klassenrepr.	gruppiertes $\bar{x}$
1	(0; 500]	5	$\frac{5}{36}$	250	$250 \cdot \frac{5}{36} = 34{,}7\overline{2}$
2	(500; 1.000]	6	$\frac{6}{36}$	750	$750 \cdot \frac{6}{36} = 125$
3	(1.000; 1.500]	2	$\frac{2}{36}$	1.250	$1.250 \cdot \frac{2}{36} = 69{,}\overline{4}$
4	(1.500; 2.000]	5	$\frac{5}{36}$	1.750	$1.750 \cdot \frac{5}{36} = 243{,}0\overline{5}$
5	(2.000; 2.500]	4	$\frac{4}{36}$	2.250	$2.250 \cdot \frac{4}{36} = 250$
6	(2.500; 3.000]	3	$\frac{3}{36}$	2.750	$2.750 \cdot \frac{3}{36} = 229{,}1\overline{6}$
7	(3.000; 3.500]	6	$\frac{6}{36}$	3.250	$3.250 \cdot \frac{6}{36} = 541{,}\overline{6}$
8	(3.500; 4.000]	5	$\frac{5}{36}$	3.750	$3.750 \cdot \frac{5}{36} = 520{,}8\overline{3}$

Damit folgt für das arithmetische Mittel:

$$\bar{x}_{\text{gruppiert}} = 34{,}7\overline{2} + 125 + 69{,}\overline{4} + 243{,}0\overline{5} + 250 + 229{,}1\overline{6} + 541{,}\overline{6} + 520{,}8\overline{3} = 2013{,}\overline{8}$$

zu A-3.3 Zunächst schauen wir uns die Wachstumsrate eines jeden Wertpapiers an.

Papier	**1**	**2**	**3**	**4**	**5**
Anfangswert	120	180	200	40	50
Endwert	160	120	160	100	50
Wachstumsrate γ_i	$\frac{160-120}{120}=\frac{1}{3}$	$\frac{120-180}{180}=-\frac{1}{3}$	$\frac{160-200}{200}=-\frac{1}{5}$	$\frac{100-40}{40}=\frac{3}{2}$	$\frac{50-50}{50}=0$

Da es sich hier um verschiedene Wertpapiere handelt, berechnen wir die durchschnittliche Wachstumsrate mit dem arithmetischen Mittel. Die Papiere beeinflussen die Wertentwicklung mit unterschiedlichen Gewichtungen.
Aus der Summe der Anfangswerte mit 120 + 180 + 200 + 40 + 50 = 590 folgt:

$$g_1=\frac{120}{590}, g_2=\frac{180}{590}, g_3=\frac{200}{590}, g_4=\frac{40}{590}, g_5=\frac{50}{590} \Rightarrow \bar{x}_g=\frac{1}{3}\cdot\frac{120}{590}+\left(-\frac{1}{3}\right)\cdot\frac{180}{590}+\left(-\frac{1}{5}\right)\cdot\frac{200}{590}+\frac{3}{2}\cdot\frac{40}{590}+0\cdot\frac{50}{590}=0$$

zu A-3.4 Zunächst sortieren wir die Stichprobe 2, 4, 4, 4, 5, 6, 7, 7, 11, 11 und bestimmen die gewünschten Werte:

- Median: Da $n = 10$ gerade ist, folgt
  $\tilde{x}_{0,5}=\frac{1}{2}\cdot\left(x_{(\frac{n}{2})}+x_{(\frac{n+1}{2})}\right)=\frac{1}{2}\cdot\left(x_{(5)}+x_{(6)}\right)=\frac{1}{2}\cdot(5+6)=5{,}5$
- Unteres Quartil: $k = n \cdot p = 10 \cdot 0{,}25 = 2{,}5$
  Da Ergebnis nicht ganzzahlig, folgt: $x_{0,25} = x_{(3)} = 4$
- Oberes Quartil: $k = n \cdot p = 10 \cdot 0{,}75 = 7{,}5$
  Da Ergebnis nicht ganzzahlig, folgt: $x_{0,75} = x_{(8)} = 7$

zu A-3.5 Aufgrund der vorliegenden Daten wählen wir als geeignetes Maß das harmonische Mittel und erhalten:

$$\bar{x}_{\text{harm}}=\frac{100+120+200+80}{\frac{100}{160}+\frac{120}{80}+\frac{200}{120}+\frac{80}{60}}=\frac{500}{\frac{41}{8}}=\frac{4000}{41}\approx 97{,}56\ \frac{\text{km}}{\text{h}}$$

zu A-3.6 Wir bestimmen zunächst die Wachstumsrate pro Jahr und verwenden auf Grund der vorliegenden Daten das geometrische Mittel. Der durchschnittliche Zinssatz beträgt:

$$\bar{x}_G=\sqrt[4]{1{,}03\cdot 1{,}06\cdot 0{,}98\cdot 1{,}05}\approx 1{,}0295\approx 3\%$$

Jahr	**1**	**2**	**3**	**4**
Zinsatz	+3 %	+6%	-2 %	+5%
Wachstumsrate	1,03	1,06	0,98	1,05

zu Kap. 4: Streuungsmaße

zu A-4.1

a) Spannweite: $r = 195 - 153 = 42$

b) Mit Hilfe des arithmetischen Mittels $\bar{x}=\frac{1}{20}\cdot(153+156+\ldots+192+195)=\frac{1}{20}\cdot 3471=173{,}55$ folgt

- Empirische Varianz:
  $S^2=\frac{1}{20}\cdot\left((153-173{,}55)^2+(156-173{,}55)^2+\ldots+(192-173{,}55)^2+(195-173{,}55)^2\right)=169{,}0475$
- Standardabweichung: $\sqrt{169{,}0475}=13{,}00$
- Variationskoeffizient: $\frac{s}{\bar{x}}=\frac{13{,}00}{173{,}55}\approx 0{,}0749$

c) Mittlere absolute Abweichung:
$\frac{1}{20}\left(|153-173{,}55|+|156-173{,}55|+\ldots+|192-173{,}55|+|195-173{,},55|\right)=\frac{1}{20}\cdot 220{,}1=11{,}005$

zu A-4.2

a) Spannweite: 140 − 60 = 80

b) Mittlere mediane Abweichung: $\tilde{x}_{0,5} = k_{j-1} + \frac{0{,}5 - F_n(k_{j-1})}{f(a_j)}(k_j - k_{j-1})$, wobei j diejenige Klasse ist, für welche gilt: $F_n(k_{j-1}) < 0,5$ und $F_n(k_j) \geq 0,5$

Klasse	Klassenbreite	$f(a_j)$	F_n
1	[60; 70]	$\frac{3}{80}$	$\frac{3}{80}$
2	(70; 80]	$\frac{7}{80}$	$\frac{10}{80}$
3	(80; 90]	$\frac{11}{80}$	$\frac{21}{80}$
4	(90; 100]	$\frac{16}{80}$	$\frac{37}{80}$
5	(100; 110]	$\frac{12}{80}$	$\frac{49}{80}$
6	(110; 120]	$\frac{13}{80}$	$\frac{62}{80}$
7	(120; 130]	$\frac{12}{80}$	$\frac{74}{80}$
8	(130; 140]	$\frac{6}{80}$	$\frac{80}{80}$

Für $j = 5$:

- $F_n(k_{5-1}) = F_n k_4 < 0{,}5$
- $F_n(k_5) \geq 0{,}5$

Mit $F_n(k_4) = \frac{37}{80}$ und $f(a_5) = \frac{12}{80}$ folgt:

$$\tilde{x}_{0,5} = 100 + \frac{0{,}5 - \frac{37}{80}}{\frac{12}{80}}(110 - 100) = 102{,}5$$

und schließlich die mittlere mediale Abweichung:

$$d = \sum f(a_j) \cdot |a_j - \tilde{x}_{0,5}|$$
$$= \frac{3}{80} \cdot |65 - 102{,}5| + \frac{7}{80} \cdot |75 - 102{,}5| + \frac{11}{80} \cdot |85 - 102{,}5| + \frac{16}{80} \cdot |95 - 102{,}5| + \frac{12}{80} \cdot |105 - 102{,}5|$$
$$+ \frac{13}{80} \cdot |115 - 102{,}5| + \frac{12}{80} \cdot |125 - 102{,}5| + \frac{6}{80} \cdot |135 - 102{,}5| = 16{,}0625$$

c) Für die Standardabweichung benötigen wir zunächst das arithmetische Mittel

$$\overline{x} = \sum_{j=1}^{8} a_j \cdot f(a_j) = 65 \cdot \frac{3}{80} + 75 \cdot \frac{7}{80} + 85 \cdot \frac{11}{80} + 95 \cdot \frac{16}{80} + 105 \cdot \frac{12}{80} + 115 \cdot \frac{13}{80} + 125 \cdot \frac{12}{80} + 135 \cdot \frac{6}{80} = 103$$

mit welchem die klassierte Varianz

$$S^2_{klass} = \frac{3}{80} \cdot (65 - 103)^2 + \ldots + \frac{6}{80} \cdot (135 - 103)^2 = 353{,}5$$

und die daraus folgende Standardabweichung berechnet werden kann: $\sqrt{S^2_{klass}} = \sqrt{353{,}5} \approx 18{,}80$.

zu A-4.3

a) Übersicht der notwendigen Daten getrennt nach den Geschlechtern:

Geschlecht	n	$\tilde{x}_{0,5}$	$\tilde{x}_{0,25}$	$\tilde{x}_{0,75}$
Männlich	13	57	22	73
Weiblich	17	38	22	56

Nebenrechnungen:

- Median $\tilde{x}_{0,5}$:
  - Männlich: $n \cdot p = 13 \cdot 0{,}5 = 6{,}5 \Rightarrow \tilde{x}_{0,5} = x_{(7)} = 57$
  - Weiblich: $n \cdot p = 17 \cdot 0{,}5 = 8{,}5 \Rightarrow \tilde{x}_{0,5} = x_{(9)} = 38$
- Unteres Quartil $\tilde{x}_{0,25}$:
  - Männlich: $n \cdot p = 13 \cdot 0{,}25 = 3{,}25 \Rightarrow \tilde{x}_{0,25} = x_{(4)} = 22$

- Weiblich: $n \cdot p = 17 \cdot 0{,}25 = 4{,}25 \Rightarrow \tilde{x}_{0,25} = x_{(5)} = 22$

- Oberes Quartil $\tilde{x}_{0,75}$:
  - Männlich: $n \cdot p = 13 \cdot 0{,}75 = 9{,}75 \Rightarrow \tilde{x}_{0,75} = x_{(10)} = 73$
  - Weiblich: $n \cdot p = 17 \cdot 0{,}75 = 12{,}75 \Rightarrow \tilde{x}_{0,75} = x_{(13)} = 56$

b) Boxplot:

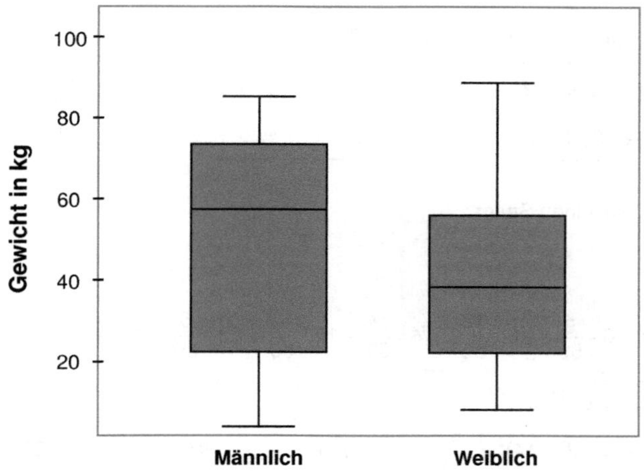

zu Kap. 5: Schiefe und Wölbung

zu A-5.1

a) Schiefekoeffizient nach Pearson:

$$x_{mod} = 14$$
$$\overline{x} = \frac{3 + 12 + \ldots + 7 + 5}{20} = \frac{174}{20} = 8{,}7$$
$$S^2 = \frac{1}{20}\left((3-8{,}7)^2 + (12-8{,}7)^2 + \ldots + (7-8{,}7)^2 + (5-8{,}7)^2\right) = \frac{1}{20} \cdot 490{,}2 = 24{,}51$$
$$s = \sqrt{24{,}51} \approx 4{,}95$$
$$sk_1 = \frac{8{,}7 - 14}{4{,}95} \approx -1{,}07$$

b) Bei Berechnung des Schiefekoeffizienten nach Pearson ergibt sich ein negativer Wert, daher liegt eine linksschiefe Verteilung vor. Zudem ist $\overline{x} < \tilde{x}_{0,5}$.

c) Quartilskoeffizient der Schiefe:

$$n \cdot p = 20 \cdot 0{,}25 = 5 \Rightarrow \tilde{x}_{0,25} = \frac{1}{2} \cdot (x_5 + x_6) = 4{,}5$$
$$n \cdot p = 20 \cdot 0{,}5 = 10 \Rightarrow \tilde{x}_{0,5} = \frac{1}{2} \cdot (x_{10} + x_{11}) = 8$$
$$n \cdot p = 20 \cdot 0{,}75 = 15 \Rightarrow \tilde{x}_{0,75} = \frac{1}{2} \cdot (x_{15} + x_{16}) = 13{,}5$$
$$s = \sqrt{24{,}51} \approx 4{,}95$$
$$s_{0,25} = \frac{13{,}5 + 4{,}5 - 2 \cdot 8}{4{,}95} \approx 0{,}404$$

d) Wölbungsmaß nach Fisher:

$$\mu_{\overline{x}}^4 = \frac{1}{20} \cdot \left((3-8{,}7)^4 + (12-8{,}7)^4 + \ldots + (7-8{,}7)^4 + (5-8{,}7)^4\right)$$
$$= \frac{1}{20} \cdot 21.269{,}994 \approx 1.063{,}5$$
$$s^4 = 4{,}95^4 \approx 600{,}37$$
$$W = \frac{1063{,}5}{600{,}37} - 3 \approx -1{,}23$$

zu A-5.2

a) Zunächst ermitteln wir den Klassenrepräsentanten und die relativen Häufigkeiten der einzelnen Klassenstufen:

Klassengrenzen	[0;4]	(4;8]	(8;12]	(12;16]	(16;20]	(20;24]	(24;28]
Klassenrepräsentant	2	6	10	14	18	22	26
$f(a_j)$ der Stufe 11	0	$\frac{6}{50}$	$\frac{12}{50}$	$\frac{14}{50}$	$\frac{12}{50}$	$\frac{6}{50}$	0
$f(a_j)$ Stufe 12	$\frac{2}{50}$	$\frac{2}{50}$	$\frac{10}{50}$	$\frac{22}{50}$	$\frac{10}{50}$	$\frac{2}{50}$	$\frac{2}{50}$
$f(a_j)$ Stufe 13	0	$\frac{2}{50}$	$\frac{20}{50}$	$\frac{12}{50}$	$\frac{10}{50}$	$\frac{4}{50}$	$\frac{2}{50}$

Damit folgt für die einzelnen Stufen:

- Stufe 11:

$$\overline{x} = 6 \cdot \frac{6}{50} + 10 \cdot \frac{12}{50} + 14 \cdot \frac{14}{50} + 18 \cdot \frac{12}{50} + 22 \cdot \frac{6}{50} = 14$$
$$\mu_{\overline{x}}^4 = \frac{6}{50} \cdot (6-14)^4 + \frac{12}{50} \cdot (10-14)^4 + \ldots + \frac{12}{50} \cdot (18-14)^4 + \frac{6}{50} \cdot (22-14)^4 = 1.105{,}92$$
$$s^2 = 0 \cdot (2-14)^2 + \frac{6}{50} \cdot (6-14)^2 + \ldots + \frac{6}{50} \cdot (22-14)^2 + 0 \cdot (26-14)^2 = 23{,}04$$

- Stufe 12:

$$\overline{x} = 2 \cdot \frac{2}{50} + 6 \cdot \frac{2}{50} + 10 \cdot \frac{10}{50} + 14 \cdot \frac{22}{50} + 18 \cdot \frac{10}{50} + 22 \cdot \frac{2}{50} + 26 \cdot \frac{2}{50} = 14$$
$$\mu_{\overline{x}}^4 = \frac{2}{50} \cdot (2-14)^4 + \frac{2}{50} \cdot (6-14)^4 + \ldots + \frac{2}{50} \cdot (22-14)^4 + \frac{2}{50} \cdot (26-14)^4 = 2.088{,}96$$
$$s^2 = \frac{2}{50} \cdot (2-14)^2 + \frac{2}{50} \cdot (6-14)^2 + \ldots + \frac{2}{50} \cdot (22-14)^2 + \frac{2}{50} \cdot (26-14)^2 = 23{,}04$$

- Stufe 13:

$$\overline{x} = 6 \cdot \frac{2}{50} + 10 \cdot \frac{20}{50} + 14 \cdot \frac{12}{50} + 18 \cdot \frac{10}{50} + 22 \cdot \frac{4}{50} + 26 \cdot \frac{2}{50} = 14$$
$$\mu_{\overline{x}}^4 = \frac{2}{50} \cdot (6-14)^4 + \frac{20}{50} \cdot (10-14)^4 + \ldots + \frac{4}{50} \cdot (22-14)^4 + \frac{2}{50} \cdot (26-14)^4 = 1.474{,}56$$
$$s^2 = 0 \cdot (2-14)^2 + \frac{2}{50} \cdot (6-14)^2 + \ldots + \frac{4}{50} \cdot (22-14)^2 + \frac{2}{50} \cdot (26-14)^2 = 23{,}04$$

Auf Grund dessen, dass empirische Varianz $s^2 = 23{,}04$ überall gleich ist, muss die Standardabweichung nur einmal berechnet werden:

$$s = \sqrt{s^2} = 4{,}8 \quad \text{und} \quad s^4 = 4{,}8^4 \approx 530{,}84$$

Berechnung der Wölbungsmaße:

- Klasse 11: $W = \frac{1105{,}92}{530{,}84} - 3 \approx -0{,}91$
- Klasse 12: $W = \frac{2088{,}96}{530{,}84} - 3 \approx 0{,}94$
- Klasse 13: $W = \frac{1474{,}56}{530{,}84} - 3 \approx -0{,}22$

b) Verteilung

- Klasse 11: flachgewölbt
- Klasse 12: hochgewölbt
- Klasse 13: flachgewölbt

zu Kap. 6: Konzentrations- und Ungleichheitsmaße

zu A-6.1

a) Es liegen klassierte Daten vor und die Beobachtungssummen sind bekannt:

Einkommen	Anzahl Ärzte	Gesamteinkommen	$u_{(i)}$	$v_{(i)}$
(2.500 – 3.800]	650	2.128.750	$\approx$ 0,54	$\approx$ 0,36
(3.800 – 5.000]	150	680.250	$\approx$ 0,67	$\approx$ 0,48
(5.000 – 7.000]	290	1.921.250	$\approx$ 0,91	$\approx$ 0,81
(7.000 – 15.000]	110	1.140.700	1	1

b) Lorenzkurve:

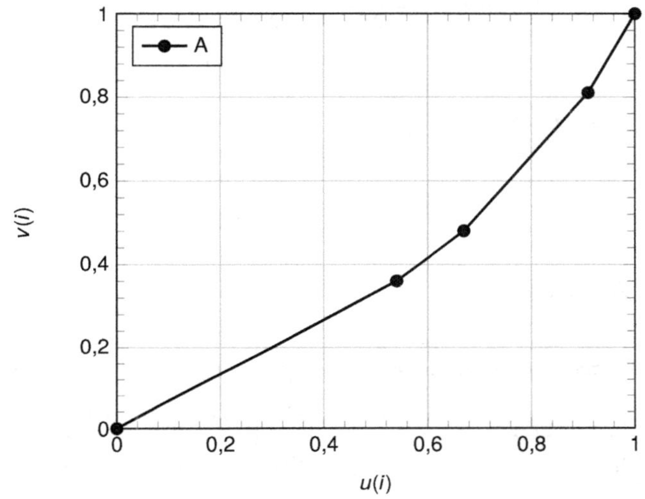

c) Für den Gini-Koeffizienten erweitern wir unsere bestehende Tabelle um eine weitere Spalte:

Einkommen	Anzahl Ärzte	Gesamteinkommen	$u_{(i)}$	$v_{(i)}$	$(u_i + u_{i-1}) \cdot (v_i - v_{i-1})$
(2.500 – 3.800]	650	2.128.750	$\approx$ 0,54	$\approx$ 0,36	$\approx$ 0,19
(3.800 – 5.000]	150	680.250	$\approx$ 0,67	$\approx$ 0,48	$\approx$ 0,15
(5.000 – 7.000]	290	1.921.250	$\approx$ 0,91	$\approx$ 0,81	$\approx$ 0,52
(7.000 – 15.000]	110	1.140.700	1	1	$\approx$ 0,36

Damit folgt: $G = 0{,}19 + 0{,}15 + 0{,}52 + 0{,}36 - 1 = 0{,}22$

zu A-6.2

a) Wir sortieren die Beobachtungen der Größe nach, da der kleinste Beobachtungswert zuerst stehen muss.

Beobachtung Nr.	Beobachtungswert	$u_{(i)}$	$v_{(i)}$
3	2	$\frac{1}{4}$	$\frac{2}{20}$
2	3	$\frac{2}{4}$	$\frac{5}{20}$
4	7	$\frac{3}{4}$	$\frac{12}{20}$
1	8	1	1

b) Lorenzkurve:

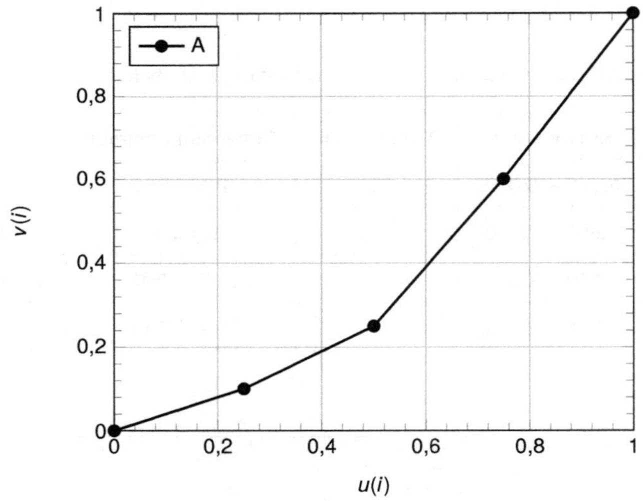

c) Gini-Koeffizient: $G = \frac{4 + 1 - 2 \cdot (1{,}95)}{4} = 0{,}275$

zu A-6.3

a) Koordinaten der Lorenzkurve:

Klassengrenzen	Beobachtungswert	a_j^*	$u_{(j)}$	$v_{(j)}$	$(u_i + u_{i-1}) \cdot (v_i - v_{i-1})$
[0;20]	25	250	$\approx$ 0,42	$\approx$ 0,0928	0,0390
(20;50]	17	595	$\approx$ 0,70	$\approx$ 0,3135	0,2472
(50;100]	13	975	$\approx$ 0,92	$\approx$ 0,6753	0,5861
(100;250)	5	875	1	1	0,6234

b) Lorenzkurve:

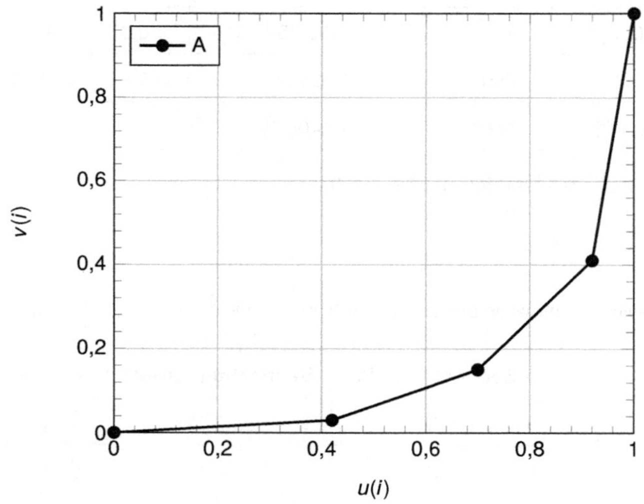

c) Gini-Koeffizient (siehe Tabelle in a)): $G = 0{,}039 + 0{,}2472 + 0{,}5861 + 0{,}6234 - 1 = 0{,}7195$

zu Kap. 7: Zusammenhangsmaße

zu A-7.1

a) Vervollständigte Tabelle:

	weiblich	männlich	$\sum$
Radiologie	17	38	55
Arbeitsmedizin	5	14	19
Chirugie	74	52	126
$\sum$	96	104	200

b) Absolventen, die ihren Facharzt in Radiologie machen: $\frac{55}{200} = 0{,}275$, d. h. 27,5 %.

c) Um eine Aussage treffen zu können, benötigen wir die prozentuale Verteilung:

	weiblich	männlich
Radiologie	17,71 %	36,54 %
Arbeitsmedizin	5,21 %	13,46 %
Chirugie	77,08 %	50 %
$\sum$	100 %	100 %

Bei Betrachtung der prozentualen Aufteilung der beiden Geschlechter zeigt sich, dass sich die männlichen und weiblichen Absolventen hinsichtlich ihrer angestrebten Facharztausbildung unterscheiden.

d) Einsetzen in die entsprechende Formel liefert:

$$\chi^2 = \left(\frac{\left(17 - \frac{55 \cdot 96}{200}\right)^2}{\frac{55 \cdot 96}{200}} + \frac{\left(5 - \frac{19 \cdot 96}{200}\right)^2}{\frac{19 \cdot 96}{200}} + \frac{\left(74 - \frac{126 \cdot 96}{200}\right)^2}{\frac{126 \cdot 9}{200}} + \frac{\left(38 - \frac{55 \cdot 104}{200}\right)^2}{\frac{55 \cdot 104}{200}} + \frac{\left(14 - \frac{19 \cdot 104}{200}\right)^2}{\frac{19 \cdot 104}{200}} + \frac{\left(52 - \frac{126 \cdot 104}{200}\right)^2}{\frac{126 \cdot 104}{200}} \right) \approx 15{,}758$$

$$K_p = \left(\frac{15{,}758}{15{,}758 + 200} \right)^{0{,}5} \approx 0{,}27$$

zu A-7.2 Für den Rangkorrelationskoeffizenten nach Spearman können wir zunächst die Werte

$$\frac{1}{n} \sum_{i=1}^{n} \overline{R(x)} = \frac{1}{5} \cdot (4 + 5 + 2 + 1 + 3) = \frac{1}{5} \cdot 15 = 3$$

$$\frac{1}{n} \sum_{i=1}^{n} \overline{R(y)} = \frac{1}{5} \cdot (3 + 1 + 4 + 2 + 5) = \frac{1}{5} \cdot 15 = 3$$

berechnen, benötigen aber im Folgenden eine kleine Hilfstabelle:

i	**1**	**2**	**3**	**4**	**4**
Lernaufwand x_i	14	26	10	5	12
$R(x_i)$	4	5	2	1	3
$R(x_i) - \overline{R(x)}$	1	2	-1	-2	0
$\left(R(x_i) - \overline{R(x)}\right)^2$	1	4	1	4	0
IQ-Wert y_i	107	97	112	104	121
$R(y_i)$	3	1	4	2	5
$R(y_i) - \overline{R(y)}$	0	-2	1	-1	2
$\left(R(y_i) - \overline{R(y)}\right)^2$	0	4	1	1	4
$(R(x_i) - \overline{R(x)}) \cdot (R(y_i) - \overline{R(y)})$	0	-4	-1	2	0

Rangkorrelationskoeffizienten: $r_{sp} = \frac{0-4-1+2+0}{\sqrt{(1+4+1+4+0)\cdot(0+4+1+1+4)}} = \frac{-3}{\sqrt{10\cdot 10}} = -0{,}3$

Alternativer Rechenweg: $r_{sp} = 1 - \frac{6}{5(5^2-1)} \cdot 26 = 1 - \frac{156}{120} = -0{,}3$

zu A-7.3

a) Schauen wir uns die Ergebnisse an, so stellen wir fest, dass am ersten Tag anteilsmäßig weniger Kandidaten durchfallen (38,3 %) als am zweiten Tag (45 %). Von denjenigen, die bestanden haben, haben am ersten Tag 62,71 % bestanden und am zweiten Tag 37,29 %. Aus der Sicht der Ergebnisse war es einfacher am ersten Tag vor die Prüfungskommission zu treten, als am zweiten.

Tag	Bestanden	Durchgefallen	$\sum$
1	$0{,}61\overline{6}$	$0{,}38\overline{3}$	1
2	0,55	0,45	1

Tag	Bestanden	Durchgefallen
1	0,6271	0,5610
2	0,3729	0,4390
$\sum$	1	1

b) Für den ersten Prüfungstag:

Geschlecht	Bestanden	Durchgefallen	$\sum$
weiblich	0,6	0,4	1
männlich	0,65	0,35	1

Geschlecht	Bestanden	Durchgefallen
weiblich	0,6486	0,6956
männlich	0,3514	0,3043
$\sum$	1	1

Unter der Bedingung, dass der Kandidat weiblich ist, fällt der Kandidat mit einer Wahrscheinlichkeit von 60 % nicht durch, mit 40 % schon. Ist der Prüfling männlich, so besteht er die Prüfung mit einer Wahrscheinlichkeit von 65 %. Der männliche Prüfling besteht die Prüfung somit eher als der weibliche Prüfling. Unter den Personen, die die Prüfung insgesamt am ersten Tag bestehen, beträgt der Anteil der weiblichen Personen 64,86 %, der männlichen 35,14%.

Für den zweiten Prüfungstag:

Geschlecht	Bestanden	Durchgefallen	$\sum$
weiblich	$0{,}4\overline{6}$	$0{,}5\overline{3}$	1
männlich	0,6	0,4	1

Geschlecht	Bestanden	Durchgefallen
weiblich	$0{,}3\overline{18}$	$0{,}\overline{4}$
männlich	$0{,}6\overline{81}$	$0{,}\overline{5}$
Gesamt	1	1

Auch am zweiten Tag bestehen prozentual gesehen mehr männliche als weibliche Kandidaten. Für die Durchfallquote gilt das Gegenteil. Unter der Bedingung, dass der Kandidat weiblich ist, fällt der Kandidat am zweiten Prüfungstag eher durch, als das er besteht. Bei den männlichen Kandidaten bestehen 60% und nur 40% bestehen nicht.

zu Kap. 8: Lineare Regression

zu A-8.1

a) Notwendige Parameter für die Regressionsgerade:

$$\overline{x} = \frac{235}{10} = 23{,}5 \quad \text{bzw.} \quad \overline{y} = \frac{206}{10} = 20{,}6$$

#	x_i	y_i	$x_i - \overline{x}$	$y_i - \overline{y}$	$(x_i - \overline{x})(y_i - \overline{y})$	$(x_i - \overline{x})^2$
1	30	25	6,5	4,4	28,6	42,25
2	12	14	-11,5	-6,6	75,9	132,25
3	17	29	-6,5	8,4	-54,6	42,25
4	80	60	56,5	39,4	2226,1	3192,25
5	45	30	21,5	9,4	202,1	462,25
6	10	12	-13,5	-8,6	116,1	182,25
7	3	6	-20,5	-14,6	299,3	420,25
8	1	3	-22,5	-17,6	396	506,25
9	15	10	-8,5	-10,6	90,1	72,25
10	22	17	-1,5	-3,6	5,4	2,25
$\sum$	235	206			3385	5054,5

Damit folgt: $\hat{\beta} = \frac{s_{xy}}{s_x^2} = \frac{3.385}{5.054,5} = 0,6697$ und $\hat{\alpha} = 20,6 - 0,6697 \cdot 23,5 = 4,86205$.

b) Die Regressionsgerade lautet $\hat{y} = \alpha + \beta x_i = \hat{y}_i = 4,86205 + 0,6697 \cdot x$.

zu A-8.2

a) Streudiagramm:

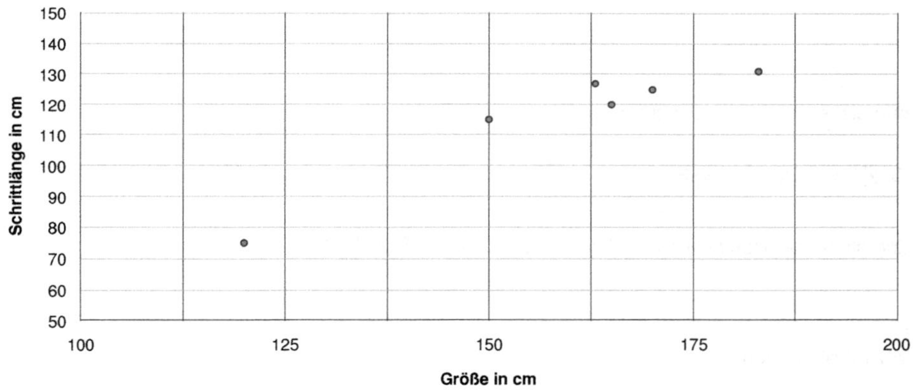

b) Notwendige Parameter für die Regressionsgerade: $\overline{x} = \frac{951}{6} = 158,5$ bzw. $\overline{y} = \frac{693}{6} = 115,5$

#	x_i	y_i	$x_i - \overline{x}$	$y_i - \overline{y}$	$(x_i - \overline{x})(y_i - \overline{y})$	$(x_i - \overline{x})^2$
1	120	75	-38,5	-40,5	1.559,25	1.482,25
2	150	115	-11,5	-8,5	4,25	72,25
3	170	125	11,5	9,5	109,25	132,25
4	163	127	4,5	11,5	51,75	20,25
5	165	120	6,5	4,5	29,25	42,25
6	183	131	24,5	15,5	379,75	600,25
$\sum$	951	1.155			2.133,5	2.349,5

Damit folgt: $\hat{\beta} = \frac{s_{xy}}{s_x^2} = \frac{2.133,5}{2.349,5} = 0{,}9081$ und $\hat{\alpha} = 115{,}5 - 0{,}9081 \cdot 158{,}5 = -28{,}43385$.
Die Regressionsgerade lautet $\hat{y} = \alpha + \beta x = -28{,}43385 + 0{,}9081 \cdot x$.

c) Wir setzen 193 in die Regressionsgerade ein und erhalten $\hat{y} = -28{,}43385 + 0{,}9081 \cdot 193 = 146{,}83$. Das bedeutet, dass die erwartete Schrittlänge 146,83 cm beträgt.

zu A-8.3

a) Die notwendigen Parameter und die daraus folgende Regressionsgerade lauten:

$$\hat{\beta} = \frac{s_{xy}}{s_x^2} = \frac{-898{,}15}{2546{,}55} = -0{,}3527$$

$$\hat{\alpha} = 71{,}55 - (-0{,}3527) \cdot 73{,}65 = 97{,}5258$$

$$\hat{y} = \alpha + \beta x = 97{,}5258 - 0{,}3527 \cdot x$$

b) Die erwartete OP-Dauer beträgt für Patienten im Alter von

- 51 Jahren: $\hat{y} = 97{,}5258 - 0{,}3527 \cdot 51 = 79{,}5381$
- 94 Jahren: $\hat{y} = 97{,}5258 - 0{,}3527 \cdot 94 = 64{,}3724$

c) Das erwartete Alter von Patienten für eine OP-Dauer von

- 64 Min: $64 = 97{,}5258 - 0{,}3527 \cdot x \Rightarrow x = 95{,}0547$
- 79 Min: $79 = 97{,}5258 - 0{,}3527 \cdot x \Rightarrow x = 52{,}5257$

zu Kap. 9: Zeitreihenanalyse

zu A-9.1

a) 3-gliedrig gleitender Durchschnitt für Periode

- 3: $\overline{y}_t^{(3)} = \frac{52+60+54}{3} = 55{,}\overline{3}$
- 7: $\overline{y}_t^{(3)} = \frac{56+62+54}{3} = 57{,}\overline{3}$

b) 5-gliedrig gleitender Durchschnitt für Periode 5: $\overline{y}_t^{(5)} = \frac{60+54+48+56+62}{5} = 56$

zu Kap. 10: Verhältniszahlen

zu A-10.1 Mengenindizes: $Q_{0t}^P = \frac{W_{0t}}{P_{0t}^L}$ muss für die entsprechenden Perioden berechnet werden.

- 2017: $Q_{01}^P = \frac{1{,}03}{1{,}05} \approx 0{,}98$
- 2018: $Q_{01}^P = \frac{1{,}11}{1{,}18} \approx 0{,}94$
- 2019: $Q_{01}^P = \frac{1{,}20}{1{,}24} \approx 0{,}97$

zu A-10.2

a) Preisindex:

- nach Laspeyers:

$$P^L_{01} = \frac{\sum_{i=1}^{n} p_1(i) \cdot q_0(i)}{\sum_{i=1}^{n} p_0(i) \cdot q_0(i)} = \frac{8 \cdot 3 + 12 \cdot 4 + 6 \cdot 1}{33 \cdot 3 + 36 \cdot 4 + 12 \cdot 1}$$

$$= \frac{78}{255} \approx 0{,}3059$$

$$P^L_{02} = \frac{\sum_{i=1}^{n} p_2(i) \cdot q_0(i)}{\sum_{i=1}^{n} p_0(i) \cdot q_0(i)}$$

$$= \frac{4 \cdot 3 + 3 \cdot 4 + 7 \cdot 1}{33 \cdot 3 + 36 \cdot 4 + 12 \cdot 1} = \frac{31}{255} \approx 0{,}1216$$

- nach Paasche:

$$P^P_{01} = \frac{\sum_{i=1}^{n} p_1(i) \cdot q_1(i)}{\sum_{i=1}^{n} p_0(i) * q_1(i)} = \frac{8 \cdot 6 + 12 \cdot 15 + 6 \cdot 10}{33 \cdot 6 + 36 \cdot 15 + 12 \cdot 10}$$

$$= \frac{288}{858} \approx 0{,}3357$$

$$P^P_{02} = \frac{\sum_{i=1}^{n} p_2(i) \cdot q_2(i)}{\sum_{i=1}^{n} p_0(i) \cdot q_2(i)} = \frac{4 \cdot 21 + 3 \cdot 16 + 7 \cdot 34}{33 \cdot 21 + 36 \cdot 16 + 12 \cdot 34}$$

$$= \frac{370}{1677} \approx 0{,}2206$$

- nach Fischer:

$$P^F_{01} = \sqrt{0{,}3059 \cdot 0{,}3357} \approx 0{,}3205$$

$$P^F_{02} = \sqrt{0{,}1216 \cdot 0{,}2206} \approx 0{,}1638$$

Mengenindex:

- nach Laspeyers:

$$Q^L_{01} = \frac{\sum_{i=1}^{n} p_0(i) \cdot q_1(i)}{\sum_{i=1}^{n} p_0(i) \cdot q_0(i)} = \frac{33 \cdot 6 + 36 \cdot 15 + 12 \cdot 10}{33 \cdot 3 + 36 \cdot 4 + 12 \cdot 1}$$

$$= \frac{858}{255} \approx 3{,}3647$$

$$Q^L_{02} = \frac{\sum_{i=1}^{n} p_0(i) \cdot q_2(i)}{\sum_{i=1}^{n} p_0(i) \cdot q_0(i)}$$

$$= \frac{33 \cdot 21 + 36 \cdot 16 + 12 \cdot 34}{33 \cdot 3 + 36 \cdot 4 + 12 \cdot 1} = \frac{1677}{255} \approx 6{,}5765$$

- nach Paasche:

$$Q^P_{01} = \frac{\sum_{i=1}^{n} p_1(i) \cdot q_1(i)}{\sum_{i=1}^{n} p_1(i) \cdot q_0(i)}$$

$$= \frac{8 \cdot 6 + 12 \cdot 15 + 6 \cdot 10}{8 \cdot 3 + 12 \cdot 4 + 6 \cdot 1} = \frac{288}{78} \approx 3{,}6923$$

$$Q^P_{02} = \frac{\sum_{i=1}^{n} p_2(i) \cdot q_2(i)}{\sum_{i=1}^{n} p_2(i) \cdot q_0(i)}$$

$$= \frac{4 \cdot 21 + 3 \cdot 16 + 7 \cdot 34}{4 \cdot 3 + 3 \cdot 4 + 7 \cdot 1} = \frac{370}{31} \approx 11{,}9355$$

- nach Fischer:

$$Q^F_{01} = \sqrt{3,{,}3647 \cdot 3{,}6923} \approx 3{,}5247$$

$$Q^F_{02} = \sqrt{6{,}5765 \cdot 11{,}9355} \approx 8{,}8597$$

b) Wertindex:
Die Berechnung des Wertindexes für die Periode 1 und 2 kann über Lasypeyers, Paasche oder Fischer erfolgen.

$$W_{01} = Q^L_{01} \cdot P^P_{01} = Q^P_{01} \cdot P^L_{01} = Q^F_{01} \cdot P^F_{01} = 1{,}1294$$

$$W_{02} = Q^L_{02} \cdot P^P_{02} = Q^P_{02} \cdot P^L_{02} = Q^F_{02} \cdot P^F_{02} = 1{,}4510$$

zu A-10.3

a) Durch den Preisindex nach Laspeyeres ergibt sich für $t = 2$ ein Preisindex von 1,89. Dieser berechnet sich durch: $1{,}35 \cdot 1{,}4 = 1{,}89$. 1,35 entsprechen dabei dem Preisanstieg von $t = 0$ zu $t = 1$, 1,4 entsprechen dem erneuten Preisanstieg von $t = 1$ zu $t = 2$.

b) Bekannt: Der neue Warenkorb kostet in $t = 1$ 1,35 Mal so viel wie zum Zeitpunkt $t = 0$.

- Anteil Saatgut: Anstieg um 15 %. Somit ergibt sich: $0{,}50 \cdot 1{,}15 = 0{,}575$
- Anteil Dünger: bleibt gleich, d. h. 0,25
- Anteil Spritzmittel: $1{,}35 - 0{,}25 - 0{,}575 = 0{,}525$

Preissteigerung: $\frac{0{,}525}{0{,}25} - 1 = 2{,}1 - 1 = 1{,}1 \Leftrightarrow 110\%$

zu Kap. 11: Wahrscheinlichkeitsrechnung

zu A-11.1

a) Wahrscheinlichkeit, dass bei einmaligem Drehen eine bestimmte Ziffer getroffen wird:

Ziffer A	1	2	3
Wahrscheinlichkeit $P(A)$	$3 \cdot \frac{1}{8} = \frac{3}{8}$	$4 \cdot \frac{1}{8} = \frac{4}{8}$	$1 \cdot \frac{1}{8} = \frac{1}{8}$

b) $P(A) = P(11, 22, 33) = P(1) \cdot P(1) + P(2) \cdot P(2) + P(3) \cdot P(3) = \frac{3}{8} \cdot \frac{3}{8} + \frac{4}{8} \cdot \frac{4}{8} + \frac{1}{8} \cdot \frac{1}{8} = \frac{13}{32}$

c) $P(A) = P(3, 1, 1, 3) = \frac{1}{8} \cdot \frac{3}{8} \cdot \frac{3}{8} \cdot \frac{1}{8} = \frac{9}{4096} \approx 0{,}0022$

zu A-11.2 Wir erstellen zunächst eine Vierfeldertafel:

	West	Ost	$\sum$
Schulschwänzer	0,0882	0,0032	0,0914
Nicht-Schulschwänzer	0,7208	0,1878	0,9086
$\sum$	0,809	0,191	1

a) Bekannt:
Anteil Schulschwänzer im Westen: 0,0882
Anteil Schulschwänzer insgesamt: 0,0914
$P(\text{West}) = \frac{0{,}0882}{0{,}0914} = 0{,}9650 = 96{,}5\%$

b) Bekannt:
Anteil Nicht-Schulschwänzer im Osten: 0,1878
Anteil Nicht-Schulschwänzer insgesamt: 0,9086
$P(\text{Ost}) = \frac{0{,}1878}{0{,}9086} = 0{,}2067 = 20{,}67\%$

zu A-11.3

a) Auf Grund der Aufgabenstellung ist bekannt, dass an den 4 Stellen jede der 5 Ziffern mit Wiederholung vorkommen kann. Daher gibt es $n^k = 5^4 = 625$ Möglichkeiten. Wenn bekannt ist, das die 1 dreimal und die 7 einmal vorkommt, dann beträgt die Anzahl der Möglichkeiten nur noch $\frac{6!}{3! \cdot 1!} = 4$.

b) Es handelt sich um Ziehen mit Zurücklegen, wobei 8 aus 10 Zahlen „gezogen" werden. Die Reihenfolge der Ziffern ist zum Öffnen des Tresors wichtig, daher gilt: $10^8 = 100.000.000$ Möglichkeiten, den Code zu knacken.

c) Teil 1 und 2: Die Reihenfolge der Zahlen ist jeweils uninteressant, es handelt sich um ein Ziehen ohne Zurücklegen und beide Teile sind unabhängig voneinander.

- Teil 1: $\binom{50}{5} = \frac{50!}{5!(50-5)!} = 2.118.760$
- Teil 2: $\binom{10}{2} = \frac{10!}{2!(10-2)!} = 45$

d) Es werden 8 aus 16 Plätzen ausgewählt, wobei die Reihenfolge uninteressant ist. Somit bleiben $\binom{16}{8} = 12.870$ Möglichkeiten, wie die Anordnung leerer Plätze aussehen könnte.

zu A-11.4

a) $P(Z = 3) = \frac{\binom{6}{3} \cdot \binom{14}{5}}{\binom{20}{8}} = 0{,}3179$

b) $P(Z \geq 1) = 1 - P(Z = 0) = 1 - \frac{\binom{6}{0} \cdot \binom{14}{8}}{\binom{20}{8}} = 1 - 0{,}0238 = 0{,}9762$

zu A-11.5

	M	$\overline{M}$	$\sum$
O	0,60	0,05	0,65
$\overline{O}$	0,20	0,15	0,35
$\sum$	0,80	0,20	1

Die Wahrscheinlichkeit, dass ein Student, der ein Menü gewählt hat, auch Obst isst, liegt bei $P(O|M) = \frac{P(O \cap M)}{P(M)} = \frac{0{,}6}{0{,}8} = 0{,}75$ bzw. 75%.

Notizen

Notizen